儿童青少年
性格心理学

高　寒◎著

西苑出版社
XIYUAN PUBLISHING HOUSE
·北京·

图书在版编目（CIP）数据

儿童青少年性格心理学 / 高寒著 . -- 北京 : 西苑
出版社 , 2020.10
ISBN 978-7-5151-0765-3

Ⅰ . ①儿… Ⅱ . ①高… Ⅲ . ①性格—儿童心理学②性
格—青少年心理学 Ⅳ . ① B844.1 ② B844.2

中国版本图书馆 CIP 数据核字 (2020) 第 158491 号

儿童青少年性格心理学

ERTONG QINGSHAONIAN XINGGE XINLIXUE

责任编辑　辛小雪　刘　崴
封面设计　张合涛
出版发行　西苑出版社 XIYUAN PUBLISHING HOUSE
地　　址　北京市朝阳区和平街 11 区 37 号楼 邮政编码：100013
电　　话　010-88636419
印　　刷　旭辉印务（天津）有限公司
经　　销　全国各地新华书店
开　　本　880mm×1230mm　1/32
字　　数　186 千字
印　　张　8
版　　次　2020 年 10 月第 1 版
印　　次　2020 年 10 月第 1 次印刷
书　　号　ISBN 978-7-5151-0765-3
定　　价　49.80 元

前言

preface

为人父母，也许最担心和最沮丧的事莫过于在未来的某一天，自己费尽心血培养大的孩子对自己说，你知道你给我造成了多少心理阴影吗？当孩子细数着你对他的伤害时，你除了感到愧悔还能怎样呢？若你蹚过时间的长河，回到过去，从头再来，那时候的你也许知道该怎么对待他，该怎么帮助他养成更好的性格、更健康的心理。但是时间对谁都不回头，从孩子已经逐渐定型的性格行为中，你无奈地看到了自己犯下的错误，还有曾经执着坚持的错误养育方式。

就像电视上一位妈妈和已经成年的女儿的对话。妈妈说，我很抱歉，在你小时候忽视你、打骂你、伤害你。但是，你知道妈妈过得很不容易。女儿说，我知道妈妈过得很不容易，就是因为知道，所以我一直很心疼你。但是，我没有办法忘记你说过的话和你对我的伤害。妈妈点了点头无奈而追悔地说，我尽力了。“我尽力了。”这句话让人印象深刻，因为它道尽了为人父母者对孩子的深沉的爱；同时，也是对自己在养育孩子过程中，因为缺乏经验和力量，而对不可避免犯下的错误的深感无奈。

在生活中，有时我们也会发自内心地说，要是再给我一个孩子，我再也不会像对待第一个孩子那样，所有我曾在第一个孩子身上的错误做法，我都要纠正过来。不管是因为自己的焦虑、过分的严格、刻板的培养理念，还是作为父母的权威心理、轻视心理，父母总是过于随意地对待孩子的喜、怒、哀、乐。一切不可回头的错误的核心，似乎都在于父母不知道或不屑于去认知自己的孩子，不知道他是怎样一个有着独特个性的且独一无二的孩子，而是忙着让他变成我们心中理想的样子。

这是养育逻辑的颠倒——不是先认知自己的孩子是什么样的性格，既包括我们熟悉的、理解的、接受的，也包括他独有的、我们不了解的，甚至需要时间接受的性格，而是急于把他摁进一个我们事先准备好的理想小孩模型中。在理想小孩的塑造过程中，我们容易忽视他心里的感受，甚至他的心理发生了扭曲，我们都不知道，因为我们已经不能对他的情绪做出正确的反应和解读。他的痛苦可能会被理解为矫情；他正常的胆怯退缩，可能得不到应有的尊重和成长空间；他的恐惧也许得到的不是抚慰而是训斥。多年以后，我们惊讶于精心培养的孩子，为什么有了性格障碍和心理问题，却不知道到底是在什么时候、在哪一个环节上出了问题。

在本书中，对于儿童的性格和心理以及这些性格心理中可能蕴藏的潜力和危机，都结合当下常见的问题做出了尽可能细致的探讨。对正走在培养孩子道路上的父母来说，怎样才算是真的认知自己的孩子，怎样才能在有益的对照中协调自己培育的步伐，怎样才能知道自己是不是正陷在刻板培育的观念中，怎样才能避免在多年后听到孩子抱怨，怎样才能真正地发挥孩子的性格优势，让他成为一个自信、充满自我价值感的人，本书都着力提供了思考的角度，虽然水平所限，仍真诚地期待给更多人带来更全面的认知。

孩子的成长是充满无限可能的，我们对他们的认知也应是开放和不设限的。本书只是意在让我们试着睁开眼睛，真正学会认知和接受我们的孩子，写作的过程，也是思考和再认知的过程，期望能和更多的家长共同探讨，共同进步。

最后，特别感谢在本书写作中给予支持和鼓励的老师！

目录
CONTENT

第五章　既内向又外向：孩子普遍的性格特质

第六章　积极的性格

第七章　孩子常见性格的再认知

第八章　听话的孩子和不听话的孩子

第九章　识别孩子的性格假面具

第十章　怎么和孩子的“问题”性格相处

第一章

认知性格：性格是天生的吗

第一节　什么是性格

人们常说，一个人的性格决定他的命运。那么什么是性格呢？性格为什么会有这么大的威力，能对命运产生重要影响呢？

当教师说书山有路勤为径，学海无涯苦作舟时，一些孩子听了顿时觉得人生灰暗，苦恼于辛苦的付出；而另一些孩子听了却是按捺不住的激情，兴奋于预见的成功。毫无疑问，这两类孩子有着不同的性格，在生活中也会有迥然不同的表现。

对性格的一种定义是这样的：性格是一个人在对现实的稳定态度和习惯化的行为方式中表现出来的人格特征。

在这个定义中的关键词是态度和行为方式。

性格的静态结构可以分为态度特征、意志特征、情绪特征和理智特征 4 部分。而态度特征是性格的核心。

观察上面两类性格的孩子，也许第一感觉是，一个懒惰，一个勤奋。但如果从性格结构的特征分析就会发现，懒惰和勤奋——仅仅是一种性格特质的分歧，但会导致在很多方面产生差距。

态度特征：性格的态度特征是指一个人如何处理社会各方面的关系，即对社会、对集体、对工作、对劳动、对他人以及对自己的态度的性格特质。

毫无疑问，在对待学习和吃苦这两件事上，两类孩子的态度有着天壤之别。一个是消极被迫，巴不得逃避的；另一个是积极主动，恨不得迎战的。先不说懒惰的孩子，是因为性格懒散才态度消极的，还是因为态度消极才又娇气又懒惰的；也不说勤奋的孩子，是因为恰好学习能力强、喜欢学习才态度积极的，还是态度积极才勤奋学习的。单是从态度性质的区别上，就可以看到由这种不同的态度表现会导致不同的命运路径。

比如，由懒散发展出的逃避态度和由勤奋发展出的主动态度，会在个体的人生道路上产生更多、更复杂的不同的心态、情绪和人生成果。

意志特征：性格的意志特征是指一个人对自己的行为自觉地进行调节的特征，其可以从意志品质的4个方面，即意志的自觉性、果断性、坚韧性和自制性上来考查。

从意志的方面考查，我们会发现懒散孩子在意志上可能更薄弱。他不只是因为教师谆谆教诲学生要勤奋和吃苦，而深感愁苦。如果走进他的生活，你会发现他可能在厕所补过昨天的作业；每次要在快睡觉之前才写作业；做事拖拖拉拉，缺乏掌控性；不守时，散散漫漫，经常不是忘了带这个就是忘了带那个；也有一颗上进心，一次次暗下决心好好学习，但是玩耍的诱惑太大了。又因为缺乏学习的坚韧性，所以懒散孩子的学习越发显得艰苦。而同时，和艰苦对比，“玩”的诱惑力更大了。因此，他很容易表现出自制力差的性格特质。

听到教师的激励感到很振奋的孩子，你从他的勤奋中也会发现一些意志上的优点。他会抓紧一切时间先完成作业；做事有重点；他可以一遍一遍地练习讲一个故事，直到符合自己的要求；

他很少三分钟热度，对玩耍的诱惑有较持久的自制力。

情绪特征：性格的情绪特征是指一个人的情绪对他的活动的影响，以及他对自己情绪的控制能力。

当我们说一个孩子，或者暴躁易怒，或者喜怒无常，或者无精打采，或者闷闷不乐，或者欢快活泼，我们往往无意识中是指性格的情绪特征。包括我们经常挂在嘴上的——性格内向还是外向，在一定程度上也带有情绪特征。

说到情绪，虽然很多时候以负面的含义出现，但事实上，当我们谈论一个人的性格，尤其是社交背景下的性格，我们也许更多的是指他性格情绪特征中的情绪能力。

人们希望儿童能获得情绪能力。这个概念是用来指儿童处理自己的情绪、理解和应对他人情绪的能力。

也许，在很多时候能够打破交往壁垒的，恰恰不是性格优势，而是性格中的情绪交流能力。

理智特征：性格的理智特征是指一个人在认知活动中的性格特质。

有些孩子，我们说他很有主见，事事有自己的思想和主意；有些孩子很顽固，抱定了一个观念就怎么也不肯放手，哪怕再多相反的证据摆在面前他也视而不见。而观察在一起做游戏的孩子会发现，有些表现出对现实环境、规则的唯一关注和深刻领会；有些则会对更灵性的事物投入兴趣，对现实的认知显得比较迟钝。

所以，当我们谈论一个孩子是有主见，还是没主见；是顽固不化，还是通情达理；是更机灵，还是更单纯，我们其实在谈论他性格中的理智特征：他在认知事物时，是倾向于尊重现实，独立思考，还是随大流；是固守自我，还是接受事实；是只关注有用的，还是对无用而有趣的东西也保持关注。

性格之所以被重视，也许就是因为它看似简单的表象之外，有更深刻的心理背景。性格包括多方面的素质因素，各种素质之间的相互关联和相互影响，会产生向着积极或消极方向发展的性格趋向、情绪感受、认知态度。而这一切往往直接导致不同的行为方式。

在我们强调性格的重要性时，我们其实强调了一个人在态度上、意志上、情绪上、理智上的诸多素质。而这些素质，很大程度上会决定一个人的行为方式和其带来的不同后果。一个孩子逐渐成形的态度模式和习惯化的行为模式，从某种方式上说，不就是一幅画就了的命运图卷吗？

第二节 性格的变动性

在《安徒生童话》里，有一个并不十分有名的故事《踩着面包走的女孩》。乍看起来这好像是教育小孩要知道珍惜、不骄傲、不虚荣、不任性，否则就要受到严厉的教训。但从另一个侧面，我们也可以看到，一个人，一个孩子，他的性格是如何发生变化的。

起初，小女孩英格尔是个无知、单纯，甚至有些残忍的小孩，就像很多小孩在小时候做过的，她会拽下苍蝇的翅膀，或者把大甲虫和金龟子扎在大头针上取乐；她看到母亲衣衫褴褛，第一感觉是感到羞耻；她并不珍惜得之不易的大面包，因为怕弄脏自己的新鞋子，她毫不犹豫地把面包扔到污泥里，当作垫脚石。

作为惩罚，她沉到了黑泥坑里，身体动弹不得。她在自己的痛苦中，先后体验了苍蝇的痛苦、意识到母亲的可怜、认知到自己的错误，并真心为自己的所作所为感到忏悔。

还是这一个小女孩，在变成小鸟之后，却生发出分享之心。她把自己辛辛苦苦找到的麦粒和面包屑，慷慨地分给其他饥饿的小鸟吃。

这种分享之心和她从前的残忍自私相比，最核心的变化就是她走出了狭小的自我，能够看到别人了，能够看到别人的痛苦了，也能够看到更广阔的事物了，而不仅仅是只看到自己。

我们在生活中也可以看到相似的例子。一个小时候曾伤害过小动物的小孩，长大了也许会发展出一种特别柔软的性格，你会发现他更有同理心，更容易感受别人的痛苦，善良得出奇。

这是怎么回事呢？

性格的静态结构的几个方面并不是相互分离的，而是彼此关联、相互制约，有机地组成一个整体。

不难看出，随着年龄和体验的增长，一个孩子认知的改变会影响到他性格中的态度特征。他也许有了痛苦的体验所以开始思考痛苦，能对别的人、别的痛苦感同身受；他也许通过学习，知道应该尊重所有的生命，所以不再从无知中寻求快乐。

性格中各个特征之间的相互影响，相互塑造，形成了性格的动态特点。

我们有时会惊讶地发现，小孩长大了之后，性格似乎变了。比如，同样是好争辩的小孩，一个长大了以后发展了争辩的负面特点，成了一个喜欢抬杠的人，附带着有点儿愤世嫉俗的情绪特征和狭窄固执的理智特征；而另一个小孩长大后却变得理性平和了许多。但如果追根溯源，你依然能够看到他身上“好争辩”的特点，只是这种争辩的特点朝着更有建设性的方向发展了。在这个长大了的小孩身上，在他的理性、更强的辨别力、更有意识的情绪平衡、更开放的认知态度上，我们仍能感受到“好争辩”这一性格特点对他的发展影响，但现在几乎看不出来，是因为他的需求获得已经不是以争辩的方式，而或许是以努力工作的方式。

在这两个好争辩的小孩身上，是什么让他们具备的共同性格特点在成年后有了迥异的表现。他们也许生活环境不同、人生经历不同，但如果聚焦到他们的性格上，他们的性格在关键点上可能存在很大的差异。

在态度上，理性平和者也许比好抬杠者更有上进心；在意志上，前者更有自制力；在理智上，前者对待生活更诚实、更客观。这些性格特质作用于他“好争辩”的特点决定了这一性格特点，会以较积极的方式发展。

相比发展了“争辩”负面特质的孩子，他还具备一个优点，那就是他更新了他表达性格的方式。这个表达，不仅是指口头表达，还是指一个人表达性格本质的方式。也就是性格以什么样的形式表现。如果一个孩子表达性格的方式没有随着年龄而更新，这种不合时宜的表达方式就容易给自己带来挫折感。

反过来，从一个人没有得到很好发展的性格表达方式，可以推知他的性格在态度、意志、情绪、理智各方面可能存在的深层特征。他可能始终没有发展好自制力，从不想通过让他人接受的方式获得认可。他其他的性格特质没有对他“好争辩”的性格特点提供很好的发展协助。

第三节　什么是所谓的好性格

我们在平常谈到孩子的时候，有时候会说这真是个好孩子。有时候又会评价另一个小孩说，这个孩子有个好性格。事实上，我们有可能在无意识中，已经感觉到“好孩子”和“好性格”是两回事。

一个好孩子不一定有我们认为的好性格。

大文豪马克·吐温塑造的著名儿童形象汤姆·索亚，是一个不听话的孩子，他的性格不是通俗意义上的好性格。但是当他的老姨母误以为他死了的时候，她哭着说，汤姆虽然又淘气又不懂事，但他是天底下心肠最好的孩子。虽然他又打架又逃学，又偷老姨母的果酱吃，又不爱讲卫生，但汤姆无疑是个好孩子。衡量他是不是一个好孩子，重点在于他的意图。就像老姨母说的，他从没安过什么坏心眼儿。

一个好性格的要求和衡量标准，虽然很少被赋予明确的说明，但事实上可能复杂得多。

如果说好孩子的好，重点在于他的心地、意图，呈现的更多的是一种自然状态，那么好性格要求更多的是可操作性。它的交流性、适应性、理智性、良好的情绪、有活力，在大人的直觉里，说一个孩子性格好时，已经模糊地包含了在这一些方面的判断标准。

交流性：有些孩子一下子就能带给我们很好的情绪感受。比如，他很善于表达，既能把自己的想法——怎样做和为什么这样做表达得很清楚，能让人充分领会他的意图而不至于因为误解而愤怒，又善于领会别人的意思；他情绪饱满愉快，并善于把这种好情绪分享和感染他人。在这种时候，我们往往倾向于立刻认为这类孩子有个好性格。

它背后的含义是，在人际互动上有较好的能力；有较好的人际互动能力就有可能为较好的社会化打好基础；做到了较好的社会化，就会较少担心他出现情绪问题。

适应性：对很多家长来说，孩子能不能融入环境，能不能对环境既不过分地退缩排斥，又不会有抗拒心和攻击性，是非常重要的。它关系到孩子会不会让自己过分操心、会不会给自己找太多麻烦，还有孩子会不会健康快乐地发展。

“适应性”听起来是个很简单的词，但操作起来并不简单。所以，家长容易用简单粗暴的方式去要求孩子，又因为潜意识的简单，在孩子达不到要求的时候生气发火。实际上，适应性对应的是环境的要求和标准。

什么是环境的要求和标准？就是环境对态度、行为方式、情绪的强度和表达、人际交流的方式、做事的能力，自有一套相应的要求和标准。

能领会、学习和适应环境的要求，减少和环境的摩擦，在环境中没有明显不适感的孩子，也就容易给大人一种性格好的感觉。

理智性：说到底，好性格也许强调的就是和外部的链接意愿与链接能力。链接意愿强的孩子，可能表现得更活泼，情绪感染能力更强。同时，可能也表现出对环境更强的关注能力和观察思考能力。

这其中就表现出性格的理智特征，即让人觉得这个孩子性格好，是因为他能听进去道理，好沟通；他展现出很重要的理解能力，能理解人和环境之间的相互关系，知道怎么做和为什么。比如，知道回家晚了妈妈会担心，所以理解妈妈让自己晚回家就要打电话的要求。在这种通情达理的背后，让人感觉这一性格特点很好，是因为理智也会适度地决定性格的柔软性。

良好的情绪：好性格通常给人的第一印象是，拥有这种性格的孩子，自身就是很愉悦的。他不容易生气，不容易钻牛角尖，更少有对抗性的负面情绪。在他的良好情绪中有一种不可忽视的积极的东西，那就是对环境的接受度高。对待周围的环境、环境提出的要求、和性格各异的小伙伴相处，他都以同样愉悦的态度来接受。

他愉悦的情绪似乎使他很少对环境提要求，比如，他不必在意哪些人他喜欢而哪些人他不喜欢；他不用预先期待什么样的环境和害怕讨厌什么样的环境；他不必界定想干什么或不想干什么。这让他的性格在和环境的相处过程中，很少有不情愿的情形，很少表现出畏难情绪和冲突，而更多的是配合。

第四节　坏性格也有价值

我们在生活中需要引起警觉的是，不要把所谓的好性格和坏性格看得过于绝对化了。因势利导才是比较聪明的选择。定义性格是好是坏，有时要看它所处的情境——好性格，只是我们在这种情境中，更需要强调的性格特质。这不意味着“坏性格”本身就没有价值。

这里谈到的所谓“坏性格”，并不含有道德意义，而是那些和好性格的特征相对的性格特质。

有的孩子性格执拗，难以沟通，对别人来说很简单、很好理解的事，到了他那儿怎么都说不通。此时，往往人们只会看到他毫无道理的固执己见。但是抛开执拗这个特点，展开它的附带性格属性应该受到关注，因为执拗的孩子会更有坚定的、能吃苦的、有毅力的、不服输的意志优势。敏感的孩子既是胆怯的、对小挫折更容易有强烈的情绪反应，同时，他对待事物更敏锐、更会看眼色，情绪和情感也更丰富；或者一个不太合群的孩子，也许他也有主见、有个性的一面。

“坏性格”本身的价值：“好性格”“坏性格”也许在不同的方面具有同样重要的价值。性子慢，通常不被认为是一种值得称道的好性格，有时还会被调侃。也就是说，在需要速度的情境中，这很可能是个性格缺陷。但是换一种情境，如果强调的是细致、耐心，那性子慢具有的优势——认真、慢工出细活，就凸显出来了。

那么比较糟心的情况是，在不得不要求速度的时候，一个小孩为了改掉自己写字慢的毛病，连带着把本来写得认真漂亮的字也写坏了。那么可能会出现的问题就是他再怎么努力也只是仅仅能跟上班级大部队的书写速度而已；但付出的代价是他再无其他优势，不仅书写速度慢，字也写得潦草。因此不管是从书写速度的角度，还是从书写效果的角度，他都没有任何出彩的地方了。

也就是说，性子慢，作为一种自身具备价值的性格特质，它有价值的一面没有得到应有的发展。虽然在很多时候，在时间限制下，“性子慢”是不得不进行训练和改善的一种性格特质，但是从父母作为孩子的私人指导的角度考虑，完全把“性子慢”看成没有一点儿价值的性格缺点是不明智的。在可以掌控的教育领域，怎么把孩子性格中有价值的东西挖掘出来，比单纯的以用“好性格”的框架生硬地塑造孩子也许来得更有成果。

“坏性格”的动力优势：除了自身可能具备的价值，所谓“坏性格”还有一项优势就是性格和环境之间的冲突，会带来思考升级、性格提升，并由此产生更深刻的个人成长。

毫无疑问，对“好性格”的定义而言，“好性格”和环境的相处，一般来说要比“坏性格”来得容易和融洽。不论是从人际相处上，从个人的情绪上，还是从对环境要求的适应性上，“坏性格”的孩子遇到的困难、不顺遂和与环境产生的矛盾，可能都要比“好性格”的孩子多，也因此可能体验更多的不良情绪。

但就是在这样的冲突中，对部分孩子来说，成长的动力产生了。绝对对立的事物之间才能产生能力的流动，完全同质的事物之间是产生不了的。他要在这种性格的不适中，不断地探知自我，也不断地探知世界。他不得不调整自己性格中的某些部分，来适应外界的要求。在这个调整的过程中，他不得不付出额外的努力。而这种额外的努力，会带来新的体验、新的洞察、新的收获。

因此，在性格和环境要求的对立矛盾中，那些所谓的“坏性格”，也许需要一个人终其一生，不断地付出额外的努力，不断地完善、升华这种性格特质中正面和负面的价值，来协调性格和环境的关系，而这反而有可能成为其持续一生的成长动力。

第五节 性格的互动：孩子塑造父母的态度，父母塑造孩子的性格

在家庭教育中，似乎存在一种不成文的观点，那就是父母和孩子的关系是单向的。由相对强势权威的父母来主导对孩子的教育和性格养成。而孩子本身对这种教育的好坏、性格的养成，似乎是置身事外的，这一切都和他没关系，他只是一个被动的接受者。

如果一个家庭中，有两个或两个以上的孩子，而这些孩子在长大成人后显示出某些方面相反的性格，在社会上取得有差距的成绩，那么人们多半会认为，除了他们天生性格不同，就家庭教育的性格养成上，他们的父母对他们的态度是不同的。

态度为什么不同呢？也许有父母偏心的成分，总有哪一个孩子更讨父母喜欢一些。但这种偏心，也不全是一种不公平的故意。父母不一定是故意对这个孩子态变更和蔼，笑得更多，不自觉地表现出更多的喜爱和赞赏。它很可能是一种自然的回应，是和不同的性格打交道而引起的不同感受。

同一个妈妈，在一个孩子这里可能 3 句话说不完，就暴躁起来，看起来脾气坏，没耐心；但和另一个孩子在一起时，却很少发脾气。这个逻辑往往是这样的，并不是像不得宠的姐姐想的那样，妈妈是因为喜欢妹妹才对妹妹脾气好，而是因为和妹妹说话

不费事，自己不会被惹得发脾气，才喜欢妹妹的。

对同一件事，比如，要求俩姐妹回家晚了要打电话，妹妹的反应是，非常理解妈妈的担心，立刻痛快地答应；而姐姐却固执地摇头，妈妈的态度可能就从一开始的和颜悦色、试图讲理、寻求沟通，到生气发火，直至大发雷霆。

气质会影响环境，环境又会影响气质变为稳定人格特质的方式。比如，父母对待一个总是烦躁、好动的孩子和一个总是安静、睡觉的孩子的方式也会不同。这使好动的孩子与父母的关系与其他气质类型的孩子不同。气质还会使父母以外的他人产生对孩子的期待，从而影响他们对待孩子的方式。

可以说，在同一个家庭长大的孩子，在某些细微的地方会受到不同的对待。而这些不同的对待，部分是因为他们天生的气质、性格、秉性的不同，造成父母、他人对他们态度的差异。而反过来说，这些来自父母和他人态度上的差异，又可能对孩子的性格养成，造成不同的影响。

现在，很多父母已经意识到，来自父母的态度和情绪对孩子性格的影响。比如，焦虑的父母容易把焦虑的情绪传染给孩子；或者那些遇事喜欢指责孩子、抱怨孩子的父母，更有可能令孩子养成遇事容易紧张、胆怯的性格。进而会对孩子的情绪、自我感受造成影响，在孩子成人后，这种性格渗透到生活的方方面面。

但是，似乎父母的态度和情绪并不是一件意识到它的重要性就能轻易扭转的事。就像学游泳，别人告诉了你游泳的技巧，但要真正掌握，还要付出很多辛苦的锻炼。因为在亲子关系的设定中，我们习惯于假设一个前提，那就是父母是强大的、有自制力的、有爱的能力的。但这个前提往往需要重新审视。如果不重新审视，而只是把目光锁定在孩子身上，就可能发现不了问题的症结所在。

童话故事《巫王》中，文章作者呈现给我们一个受伤的父亲形象。童话中的国王，因为王后的去世，而无法从伤痛中恢复，他忽视了自己的儿子。但诚如文章中所说："他虽然忽视儿子，但并非出于恶意或冷漠，而是悲痛使然。他创巨痛深，无法给予儿子任何心理上的支持。"关键点就在这里：他们只是"无法给予更多，并非不愿给予"。

也许有很多父母也是如此，不是不知道应该对孩子更包容，更有耐心，不是不知道自己的焦虑会影响孩子的性格。但是他没有能力、也许是暂时没有这种能力给予孩子更好的性格养成影响。

我们需要正视的是，父母不会因为他的身份变成了父母，就一下子变得无所不能的强大。他有自己的承受能力，有自己的难言之隐，有自己的成长伤痛，有自己亟待解决的隐忧问题。他本想以自己还不完善的、残缺的成长，对另一个生命形成完善的影响。但这个要求本身就可能只是指导性的，而不能是绝对的。

在国王父亲和儿子争夺公主的过程中，我们会惊讶于他是这样自私，但他行为的深邃因素在于，他这样做不是为了享受，而是"因为他迫切需要，不顾一切"。

在我们想对孩子的性格产生积极影响的时候，也许最重要的不是一再提醒自己注意自己的态度，又在一次次失败了的时候感到懊恼，而是留意自己是否脆弱，是否在某些方面脆弱到迫切需要支撑，而根本无法提供孩子需要的支撑，甚至还和孩子争夺心理上的舒适感。只有我们深刻认知自己，并做出积极改变，才会对孩子的性格养成产生积极的影响。

第六节　性格层次性：孩子的“表面性格”和“深层性格”

通常我们在形容一个孩子的性格时，不小心就会流于简单化、类型化。比如，我们会一下子形容一个孩子性格外向，或是内向；说到一个孩子性格害羞就以为他同时也是退缩的；看到他穿衣服慢就认为他是个慢性子。

殊不知，在有些孩子身上会同时存在着两种对立的性格。大胆想象，既然我们在结婚的时候，可以找性格互补的对象，那从遗传学上，是不是也有可能把互相对立的性格特质遗传给孩子呢？一个乐观的父亲和一个悲观的母亲，难道只能完整地把自己这一方面的特质遗传给孩子吗？孩子一定是要么像父亲一样乐观，要么像母亲一样悲观吗？难道没有可能他既乐观又悲观，在某些事上乐观，在某些事上悲观吗？

一个孩子，他看上去比别的孩子更大胆、更冲动，有时甚至更富于表现力。但是让人想不到的是，他长大后似乎就变了，他变得退缩了，不善于表达了。另一孩子，你打发他穿衣服的时候，他磨磨蹭蹭，慢慢腾腾，你大声地一再告诉他快迟到了，要快点儿，他还是一点儿都不着急的样子，看起来就是个性子慢的孩子。但是，他学起习来，却一点儿也不含糊，他会飞速地抓紧一切时间，高效地完成作业。

还有的孩子，就像家长经常吐槽的，在家里那是一个乱啊，怎么动之以情，晓之以理他也不会动动指头收拾房间的。但在学校里，书桌整整齐齐，卫生保持优秀。那么，这个孩子到底是讲卫生还是不讲卫生?

心理学家奥尔波特把最能说明个体人格的几个特质叫作核心特质。

当我们想了解某个人时，先确定他的核心特质，然后确定他在每一特质维度上处在什么水平。虽然不同的人核心特质数量不同，但奥尔波特认为，有时一个单一特质可以决定一个人的人格。这些为数不多的人可以用一种首要特质来描述。

如果一个孩子又大胆又害羞、又悲观又乐观、又勇敢又胆怯，有时很懒惰、有时很勤快、有些事性子急、有些事性子慢，那也许比较好的了解他的角度，就是找到他的核心特质，或者可以说深层性格。

一个孩子在小时候有些性格特质表现得比较明显亮眼，也许只是因为，他表达这些性格特质的方式适合他当时的年龄、当时的环境和当时所接触的人。所以，他可以轻易地把这种特质表现出来。比如，他在玩游戏时是大胆活泼的，但是，随着他的成长，他表现大胆活泼的孩子气的方式也许不再适用，因此，他本性中存在的害羞退缩，因为使他看起来好像变成了一个害羞的人。那么，他是否同时存在两种对立的核心特质，哪一种占上风、表现明显只看当时哪一种环境因素和他的发展水平更适合。

比如，一个小时候和小朋友玩，却很少说话、好像不太开朗、不太会交朋友的孩子，家长看在眼里急在心里，担心他以后不能较好的合群。但他长大后却是一个特别容易融入群体、群体亲和性强的孩子。

如果深入观察会发现，在合群这件事上，孩子小时候话少、显得怯生只是一种表面性格，或者说是次级性格。他话少，可能只是他的深层性格在语言方面、兴趣方面的发展还没有展开。但他表现出对群体的高度贴合性，在他的性格中发挥越来越重要的作用，也可能会成为他最显著的性格。随着年龄的增长，他会越来越善于用群体通行的语言表达情绪和观点。

有的孩子在长大成人后会注意审视自己的性格，如果觉得哪一点妨碍了自己的发展，他就会在这一方面下功夫。比如，如果他想在大众面前不那么害羞，更大方一点儿，也许有一天，曾经认识他的人发现他变了，变得大方了，但他是不是真的性格开朗了呢？认定他的核心特质，入手处也许不在于他是性格害羞，还是性格开朗，更准确地认定方向是他性格中改善自我的能力——进取，这一特质更接近他性格的核心特质。

我们在试图了解孩子的性格时，也很需要拨开有些表面的性格，就算有些性格看起来是孩子的主要性格特质。一个在外面表现良好，一回到家里却到处乱扔袜子的孩子，单纯从他是否爱干净的角度是很难得出他的性格结论的。不如从他是善于配合，还是害怕惩罚，或是性格被动的角度去理解他的性格，这样更能了解得透彻，也更有可能看到他长远的发展趋势。

第二章

性格和心理：互相成就，还是互相妨碍

第一节 性格反映心理

从表面看一个孩子的性格，有时感到很简单，似乎要他改变一些性格上的缺点是件很容易的事。比如，告诉他上课要注意力集中，不要做小动作，不要和同学说话，不要动不动就被无关的事情分散注意力。似乎他只要把这些话听进去了，他爱分心的毛病就能改掉。

有研究说："注意力分散的人更容易向诱惑屈服。"也就是说，一个孩子自制力差，未见得是因为那些吸引他分心的东西多有意思，或他有多喜欢玩桌子上的文具盒、多喜欢看窗台上偶尔落下的一只麻雀，而有可能是他太不喜欢上课了，要他把注意力集中在上课上太难了。

> 我们总觉得诱惑和麻烦来自外部世界，比如，危险的甜甜圈、罪恶的香烟、充满诱惑的网络。但自制力告诉我们，问题出在我们自己身上，是我们的思想、欲望、情绪和冲动出了问题。

对一个孩子来说，性格中自制力差的特点，可能不仅仅表现为上课注意力不集中，还可能写作业拖沓，爱睡懒觉，比别的孩子更迷恋游戏不能自拔。那么，他的思想、欲望、情绪和冲动到底出了什么问题。或者更确切地说，他的内在是一种什么样的状况。

分析一个孩子某种性格背后的心理，大概要包括两个部分，一是这是一种什么心理；二是为什么会有这种心理，这反映了他具有什么样的心理面貌。这种心理面貌，往往是某种心理赖以存在的广阔背景。

儿童的所有活动都是他整体生活和人格的外显，不了解行为中隐含的生活背景就无法理解他所做的事，我们把这种现象称为人格的同一性。

当我们看到孩子做事总是拖拖拉拉，一会儿找一个借口要喝水，要上厕所，就是不肯老老实实地把事情完成。那么，我们可以很轻易地看出他性格拖延背后的心理根源，他做事没情绪，不在状态，都反映出了他不情愿、抗拒、畏难的心理。这时，我们也许又会掉转矛头，从攻击他的性格，改为攻击他这种显而易见的心理状态。

就像我们恨铁不成钢的时候所气愤的，怎么就不能快一点儿呢？怎么就不能勤快一点儿呢？怎么就不能勇敢一点儿呢？因为我们把他的性格、把他的某种心理状态都看作一个独立存在的点，所以，会误认为是简单的、好纠正的。

但从表面上看到的孩子的拖延性格入手，我们可能会发现他性格背后抗拒、畏难的心理。而如果我们更深入探究会发现，在他抗拒、畏难的心理深处，有着他整个这种性格特质、心理特质赖以存在的更广泛的心理土壤。

那这种不情愿、抗拒、畏难的心理为什么会出现呢？通过它们指向的对象，比如，学习、洗袜子、刷盘子，可以看到他所畏惧的可能都是需要付出艰苦劳动的东西，或者可以说他畏惧艰苦的劳动。那么这种对艰苦的畏惧，可能不是作为一个特点单一存在的，而是多项心理特质的综合呈现。

心理学大师弗洛姆在谈到由愤怒、残忍、破坏激情引起兴奋要比爱、创造性、积极兴趣引起兴奋容易得多时说：“这种兴奋不需要人努力，用不着忍耐与遵守纪律，用不着学习、专注、忍受挫折，用不着练习批判性的思考，也用不着克服自己的自恋与贪婪。”

可以说，让一个人停止通过杀死一只虫子取乐改为从更健康的兴趣中寻求快乐，在我们的一般想法中似乎这只是一个观点的问题，一个他乐不乐意做出简单改变的问题。但事实上，从残忍中取乐和从书籍中体验唇齿生香的趣味，它们之间的差别，反映在心理层面，是诸多心理素质的综合差别。是弗洛姆说的学习、专注、忍受挫折、练习思考、自我克制，这种种的心理素质上的差别，是一种整体的心理面貌的差别。

一个在某些方面表现出拖延性格的孩子，也许我们不应该把要求他即刻做出改变的压力全都推给他。他可能无力做到，这种无力不只是出于我们可能观察到的畏惧心理、抗拒心理，还有我们很难观察到的他整体心理面貌的某种脆弱。

他可能在意志力方面、在耐心方面、在需要付出认真努力方面、在耐受枯燥方面、在某些需要自制力方面都存在不同程度的脆弱无力感。就像我们只看到一个孩子性格轻率，行事鲁莽这一个性格特质，但是在这背后可能是焦躁、缺乏耐性、对辛苦敏感等多种心理特质共同作用的结果。因为这些心理特质共同表现在性格的轻率中，所以，人们容易只关注到轻率这一点，而关注不到轻率可能包含的各种心理成分。

如果想改善某种性格特质，比如，培养自制力，也许不光是培养孩子上课集中注意力，按时完成作业，还要培养那些组成自制力的、看不见的多种多样的心理基础素质。所谓性格养成，不只是养成一种表面上的性格表现，还包括深层的心理素质养成。

第二节 心理影响性格表现

心理学家阿德勒在谈到自卑心理是怎样驱使孩子追求卓越时，描述了两种不同的性格表现。一种孩子因为感到自卑，而生发出过分的雄心，表现出对某一目标的过度努力和关注，同时对其他问题采取回避态度，承受着紧张和压力，身心难以健康发展；另一种孩子却表现为调皮捣蛋，不遵守学校的要求，以一种不需要努力的方式，来博取他们认为的被注目、被重视的优越感。

同样的一种主导心理，却让人有完全不同的表现，虽然它们的出发点和目的都是一样的，即从自卑出发，追求卓越。然而，有的孩子因此更努力、更坚韧；有的孩子因此更回避努力和坚韧。表面上看，两种孩子的性格表现大相径庭，似乎同样的自卑心理，带给了他们截然不同的成长路径和人生轨迹。但实际上，自卑心理对他们的性格影响来说有一点是相同的，那就是强化了或歪曲了他们性格中的某种特质，使之成为一种占主导地位的性格表现。

强化作用：有一个例子是这样的，一个小时候因为学习差而经常遭到斥骂的女生，在进入青春期后，几乎让所有认识她的人都大跌眼镜。她从儿童时期那个天天垂着脑袋，自卑得抬不起头、不敢说话的孩子，摇身变成了一个打扮怪异、满嘴脏话的少女。她整个人散发的一个信号就是“我不好惹”。隔着一条街，都能感觉到她咄咄逼人的气势。你可以说她在追求一种自卑心理补偿，或者说她觉醒了在以叛逆的方式追求自尊。但并不是小时候有相似经历的孩子，进入这个时期以后都有这样激烈的表现。

有的孩子小时候就胆小，相同的经历反而有可能强化了他的胆小。他的胆小变成了难以纠正的真正的畏缩。而这个变得“不好惹”的女生，当她还是个孩子的时候，当她被批评压得抬不起头的时候，当她低着头不得不逆来顺受的时候，会在偶然间突然爆发，在那一瞬间的爆发中，别人会看到她有多厉害的性格。这种“不好惹”的性格特质是一直存在于她的性格中的。只是自卑的心理可能强化了她性格中的这一点，扭曲了她的表现方式。

心理对性格表现的影响，还有一点应该予以重视，那就是心理对性格表现的限制。

限制作用：举个例子说，人们在找伴侣的时候，通常有种模糊的心理，那就是我们无疑会奔着条件好的人选。但事实上也有这样的人，他会主动降低择偶标准，这样做的好处也许是，一来可以省了“争取”这么累的事；二来他可以获得一种性格表现上的自由。对方的好条件有时候会让人产生自惭形秽的心理、拘束的心理，以至于性格中很多特质难以发挥出来。

我们有时候，不是也像经典名著中的女主角一样，相貌堂堂的男子并没有吸引她的目光，风度翩翩也只是让她感到拘束。她喜欢的偏偏是一个在一般人眼里有点儿丑的男子，而且男子的个性粗暴率直。他的魅力，也许不只在于他的思想情趣和女主角匹配，而是这种匹配给了并不自信的她一个表演的舞台，一个充分发挥她的魅力的空间，一份心灵的自由。

只有和他在一起，她才不再是别人眼中那个永远拘谨、严肃、毫无趣味、死板的女性形象。是他把她从刻板性格表现中解放出来；是他解除了她缺乏自信的心理感受对她的限制。这种限制，是限制她活泼、撒娇、有魅力的性格面向。

有时，我们说一个孩子性格害羞，或者认为对方是一个害羞的人，而没有考虑他内心因为什么感到害羞，他对哪些环境因素产生害羞心理，从而限制了他大方的表现。也许，每个人的内心都有害羞的一面，只是或多或少。我们定义一个人性格害羞，通常是指他在生活的常态中，也就是一般人不感到害羞的日常因素中，他感到害羞，他的害羞因此也容易表现为一种常态。

而不被定义为性格害羞的人，他不是不会感到害羞，而是触发他害羞表现的因素比较少。他较少受到害羞心理的限制，从而能表现出性格中大方的一面。

一个孩子如果因为内心不管是认知、观念、自尊上的原因特别敏感害羞，显得不够灵活，比较胆怯，笨嘴拙舌，并不意味着他的性格就一定是不灵活的、胆怯的、笨拙的，或者说他的性格中就没有灵活的、勇气的、好口才的一面。也许，只是一种深层的心理在无形中限制了他，让他没有机会表现他性格中开朗的一面。只要环境条件合适匹配，不再有心理限制，他的性格会表现出全新的特质。

第三节　性格和心理的相互作用

有人说，在他上学的时候，他的班主任曾经说过一句狠话，让他过了这么多年仍然印象深刻。他的班主任说，如果把刀架在脖子上，你们都能考上大学。这句话有意思之处不在于学生是否不管是什么情况，当真都能考上大学。而是想象一下，当一把刀架在脖子上时，一个人的心理状态会发生什么变化，这种变化又会怎样影响他外在的表现。

心理学家默里认为，一种需要能否被激发，取决于情境，他称为压力。例如，在缺乏适当压力（如一个杂乱的房间）的情况下，你的秩序需要就不会影响你的行为。如果你对秩序有强烈的需要，当你的房间有些乱的时候，你就会动手整理。

比如，一个性格懒散的学生习惯于整天胡思乱想，努力读书的决心总是维持不了 3 分钟，当刀架在脖子上的时候，就算他还不具备勤奋的习惯，至少求生的需要取代了他的闲情逸致，贪玩对他的吸引力被减弱。而同时，他可能对功课的感觉不再像从前那般枯燥。他的厌烦、不情愿的心理状态都可能发生变化。此时，由压力产生出的需要，压倒了性格对心理的影响。“需要”直接对心理产生作用，而不是经由性格引起的一种心理感受。

一个有拖延症的孩子，你让他穿衣服，但他慢慢腾腾，好像这种简单的行动都是一件很累的事情，需要积聚很多勇气才能做到。当他第一时间想到穿衣服，也许他首先会做出的反应就是拖延。而在拖延的过程中，他的心理有充分的时间，充分地去感受一点一滴的压力。性格越拖延，心理对压力的感受越延长，越容易更深刻、更充分地体验压力。同时心理对压力体验的越充分，性格就会越拖延。他也许感觉拽一下袖子都很困难，把衣服领子整理好都会让他产生极大的不快。

有时人们试图通过调整自己的性格表现来改善心理感受。比如，有的人可能会通过加快走路的步伐，做事的速度，来增加内心果断的力量。事实上，也可以说是通过提高行为的速度，减少心理承受压力的时间。甚至有的人会模仿别人的性格，在模仿别人性格的过程中，模仿他的行为方式，同时也有可能模仿到一种相应的心理感受，体验到或借鉴到一种自己还不具备的心理素质。

心理学研究表明，个体在一个时期内把自己当成另外一个人，并按照这个人的态度和行为模式来生活，那么这个人的态度和行为模式就会最终固定到角色扮演者的身上，使角色扮演者形成新的态度和行为模式，从而最终实现态度转变。

而积极或消极的心理感受反过来又会影响一个人的性格表现。比如，一个孩子在小时候表现出较多怯生害羞的性格倾向，如果环境给了他这一倾向消极的反馈，他因此受到了轻视嘲笑，而这种被轻视嘲笑的心理感受从来没有得到突破时，随着年龄的增长，随着他的自我意识越来越强，那么除了别人加在他身上的评价压力，他还有了自己对自己的评价压力。所有这一切形成了更复杂的心理感受，表现在他的外在性格上就可能不只是有害羞的倾向，还有对外在环境的冷漠。

在有些性格表现上，有时能看到一个人长期的心理感受。

《红楼梦》里面有个神仙姐姐秦可卿，这个几乎人见人爱的美人，年纪轻轻就重病缠身。书中借他人之口这样形容她的性格："虽则见了人有说有笑，会行事儿，她可心细，心又重，不拘听见个什么话儿，都要度量个三日五夜才罢，这病就是打这个秉性上头思虑出来的。"

不要小看心理感受的延长，度量个三日五夜，不但会深化某种心理感受，而且会令心理感受复杂化。比如，一开始只是很简单的一种心理，在心里翻滚久了就会生出新的旁枝。本来只是有点儿害羞，想的多了，感受的多了，就可能又有了羞愧感、羞耻感、愤怒感。本来只是有点儿气愤，想来想去，气愤在心头起了变化，猜忌、怨恨、不快，心理感受就会越来越复杂。而随着这种心理感受的发展壮大，它在人的性格表现上也可能激发出更多与之相应的面向，甚至新的性格特质。

一个人因为做成了一件对他的性格来说有难度的事，他为此深受鼓励，他的内心体验到积极的感受，他这个人可能会一反常态，让人感觉他性格都变了。原来他很宅，做事很退缩，性格消极被动，现在却充满信心，什么事都不害怕，事事都跑在前头，跟从前的他判若两人。或许在他的性格中，本来就有挑战自己性格的积极性的一面，而现在积极的心理感受支持了他这一从前不明显的性格特质。

随着心理感受中复杂的新的情绪的产生，一个人在儿童时期单纯因为恐惧心理而表现出的性格怯懦，有可能发展出新的性格特质。恐惧分化出嫉妒、不安全感、自卑、勇气、积极等多种多样的心理感受。这个小时候单纯、性格怯懦的孩子根据恐惧分化出的不同的心理感受，也许会表现出小时候没有的性格。比如，表现得更自私了，看起来强大了但是很冷漠，说话缺乏耐心了，抗拒沟通，也可能过于迎合别人的感受了。

第四节　性格标签化对心理的不良暗示

我们对自己的认知在很大程度上取决于他人对我们的看法。我们的自我感觉和自我认同完全受制于周围人对我们的评价。

也许在某种程度上，正是这一点给了标签化足够的分量，以至于它对我们产生不可忽视的作用。标签化对人的不良影响，大概可以从两个方面来说。一个方面是影响了贴标签的人对被贴标签的人的态度；另一个方面是框定了被标签化的一方，束缚了他的心理感受和行为模式。

人与情境的相互作用决定行为。

如果他人的态度也可以视为我们所处环境的一部分，那么在他人把我们标签化的过程中，我们可能会感受到一种来自环境的伤害。当可怜的“小飞象”被打扮成小丑，被迫站在着火的高高的屋顶上为观众表演从高处跳下的节目时，它吓得不断后退。而为它助演的两个人类小丑，站在舞台上一边催促“小飞象”跳啊跳啊，一边议论说，“小飞象”跳下来也不会受伤，因为“小飞象”是没有感觉的。

“小飞象”是没有感觉的。正是这种标签化，给了他们残忍的理由，“小飞象”再害怕、再可怜，他们也视而不见。

标签所传递的信息显而易见：我们对处在不同社会地位的人是区别对待的。那些身份低微的人是不被关注的——我们可以粗鲁地对待他们，无视他们的感受，甚至可以视为“无物”。

标签化传递了一种有害设定，它设定了贴标签者的态度和相应的行为模式，而这种被设定出的态度和行为模式，往往会带给被贴标签者有害的心理感受，从而又从心理上限制他的行为模式。

一个孩子，他明明有很多性格特质，不善表达只是其中的一种性格倾向，但如果这一点被过分强调，被贴上嘴笨的标签，他再想自我改善，再想表现得伶俐一点儿，也许就会加倍困难。不管是周围环境对他的定义，还是这种定义无形中对他的心理暗示，都表明了他被允许成长的有限范围。

想突破这种被限定的范围也许是不容易的。有时人们可能会有这样的苦恼：在一种环境中待久了，就算你的个人成长已经有了很大的进步，但想要在周围的人已经对你形成刻板印象、被贴了标签的环境中表现出你的进步，有着说不出的困难。

别人已经把你定义为一个随和的、好说话的管理者，尽管你学会了很多管理经验，知道应该宽严相济，但在别人对你的印象和标签中，想突破你在这种限制中形成的行为模式，表现出你雷厉风行的一面，似乎有着无形的阻力。你甚至想到你不得不重新换一个环境，在这个新的环境里，当你还没有被标签限制的时候，尽快表现出你新的一面，固定新的行为模式。

心理学上对刻板印象有这样的描述：

> 人们通过自己的经验形成对某类人或某类事较为固定的看法叫作刻板印象。人们会基于性别、种族、外貌等特征对人进行归类，认为一类人具有比较相似的人格特质、态度和行为模式等，人们对某些人或事的固定看法和观念，就像刻在木板上的图形那样难以更改、抹去……很多人的这种刻板观念并不因为新的经验而很快地改变。

由此可见，为什么一旦别人对你形成了刻板印象，甚至从刻板印象出发，总结出一个标签给你贴上，你再想翻身，再想突破这种印象和标签给你的束缚是多么困难。

表现在性格标签上，它通常在负面意义上有两个特征：一是专门强调了某一种性格倾向，而不是公允地看待性格整体；二是强调这一性格倾向的负面意义，比如，这是个老实孩子，它强调的一般是他不善于交际、疲于应付、不够灵活的那面，而不是他可能存在的诚实、纯正、厚道的一面。

这样的性格标签，投射在心理上，有时简直可以称为是一张性格“符咒”，它让被贴的人不能动弹。因为它规划出了你性格表现的范围和方式，不管你的性格中还有多少潜质，还有多少种发展和表现的可能，它都通过限制或者引导把你的性格局限在某一个面向上。

它对性格的某一点的强调，通常带有否定的暗示——一个性格懦弱的孩子，一个性格害羞的孩子，一个性格懒惰的孩子，无形中给孩子限定在一个性格表现的范围里，暗示他总是注意自己懦弱的感受、害羞的感受、懒惰的感受。他从环境中不但得不到一点儿鼓励来发展性格中其他的潜力，而且受到环境对性格表现的无形限制。很难摆脱“他性格懦弱”“他性格害羞”“他性格懒惰”的标签，这些性格标签暗示了他的行为模式。

第五节　从心理角度理解孩子独特的性格

安徒生的名作《海的女儿》是个悲伤的故事。这个故事让人最痛心、最扼腕的是，王子始终被蒙在鼓里，不知道救他的是小人鱼，更不知道小人鱼宁可舍弃自己的生命，也不愿牺牲他的生命。从价值的角度看，小人鱼这么深厚的爱却不为王子所知，更不谋求爱的回报，这也许是爱的最高境界了。

但是如果站在家长的角度上，小人鱼可能是个让家长费解的孩子。她性格古怪，不爱说话，爱思考。海底的世界那么美，那么欢快，但最让这个孩子感到快乐的却是听到人类世界的故事。她和别的孩子太不一样了，别的姐妹们虽也认为外面的世界很美，但是新鲜感过去以后，她们还是渴望回到海里。小人鱼呢，救了王子的性命，而且决意为了和王子在一起，为了得到一个灵魂不惜牺牲自己最美丽的声音，忍受鱼尾变腿、每走一步都如滴血般的痛苦。

在家人眼里，她这又是为了什么呢？为什么放着海底那么富足快乐的生活不要，放着和家人团聚的亲情不要，放着人鱼远超人类的 300 年生命不要，放弃自己的声音和自己的尾巴，忍受走路的痛苦，这实在让人不理解。是她太任性了吗？太天真了吗？或者从孝顺父母的角度说，是她太不懂事了吗？她太让家人伤心、操心了。

当王子结婚，小人鱼就会在第二天变成泡沫，她的姐妹们为了得到救她的方法，把她们美丽的长发都给了巫婆。而她们的老祖母因为悲伤，连白发都掉光了。对小人鱼来说，似乎从来也没有想到过自己的行为会给家人带来多大的痛苦。她对王子充满了牺牲精神，对自己的家人却视而不见。

这样类似的例子在生活中并不鲜见，有的孩子心地善良，连一只蚂蚁都不舍得踩死，但奇怪的是他从来都看不到他的父母多为他操心。你说他自私吗，但他又以自己的方式无私地爱着小动物。他的性格只是让人很难理解，他为什么要这样，为什么做事总是不顾自己的幸福，总是让爱他的人跟着心痛？

对家长来说，最苦恼的也许不是孩子不理解自己的苦心，而是自己怎么也无法理解孩子怎么会有这样怪僻的性格。就像达尔文的父亲不理解达尔文整天游手好闲、不务正业，天天趴在地上玩虫子，而不是想着学会一门正经的学问找到一份正经的职业。

冲突和不解也许就在这里，你眼中的幸福不是他需求中最重要的事；而你眼中避之不及的东西——会浪费时间、浪费感情、浪费前途的东西，对他来说却可能是不可或缺的，或在当时对他来说是不可或缺的。

根据默里的理论，每个人都可以用个人的需要层次来描述。如果你强烈地需要拥有许多亲密朋友，就可以说你有高亲和需要。这种需要的重要性不在于你比别人的亲和需要强多少，而是比你自己的其他需要强多少。

在老祖母眼里，尾巴戴上牡蛎是尊贵的象征，海底的生活要比人类的生活幸福美好得多。而对小人鱼来说，8 个大牡蛎戴在尾巴上彰显地位并没有让她觉得有多高贵，反而感到难受；拥有 300 年漫长的生命也并不会让她感觉幸福，她宁可作为人类，哪怕只在海上世界生活一天。

也许从她的内心需求解读才能理解她的性格。在她内心需求中，离开海底世界到更广阔的天地中去，比她对海底美好生活的需求更强烈；和王子在一起的需求比保留声音的需求更强烈；得到一个灵魂的需求比在海中过 300 年的快乐生活需求更强烈。旁观者并没有这样的需求，因此难以理解她的性格。从外面只看到她的付出和痛苦，而看不到她心中强烈的需求。

有时我们因为心疼孩子，也认为只有大人才知道什么是好的、正确的，所以，容易对孩子为什么会有这样的性格而气恼和不解，却很少去想这样的性格表达了什么样的内心需求。同时，大人更容易想当然地以为，我们认为是幸福的就是孩子最需求的，而意识不到人的需求有层次之分，需求层次的排列又因人而异。一个孩子看起来性格让人不可理解，但也许并不是他的性格真的奇怪，也不是他就是一个不懂事、分不清轻重、听不进去意见的孩子，他只是有我们不了解的、我们本身没有的需求，而这种需求是他最强烈的需求，盖过了我们平时接受的、懂得的、对幸福的需求。

第六节　力量从心中来：快乐为什么是最大的生产力

和我们接受的观念背道而驰的是，有时父母看到孩子高兴快乐会感到一种奇怪的不爽。非要泼泼冷水，把孩子训得不高兴了、惹哭了才罢休。也许这种心理也是普遍的，当别人的快乐既感染不到我们，又和我们彼时的心理状态不对等时，我们难免冷言冷语，让别人分担一下我们的不快乐。

尤其是对年龄大一些的孩子，父母越焦虑有时越容易生出一种错觉，那就是孩子一高兴、情绪一高涨，就肯定孩子不是在皮就是在玩，总之不是他们需要的状态。因为他们很焦虑，孩子又没有明白这一点，没有对这种情绪做出同步的回应。比如，马上跑去学习、练琴，或做家长的焦虑情绪指向的任何事，这时，就可能激起家长生出一种无名的怒火。

有时我们会看到一种现象，那就是从情绪上“制伏”一个孩子。不管你愿不愿意学习，不管你有多不高兴，你必须坐在书桌前学习、坐在琴凳上练琴；我不管你皱着眉头，打开书本的手有多不情愿，我也不管你学习的质量到底怎么样，练琴的时候内心有没有一半在打瞌睡，你必须从情绪上低头，必须从情绪上服从，接受“努力”这个模板的铸造。

有种孩子，很少休息和玩耍，他花在学习上的时间可真不少，但是成绩却不见得有起色。当然，有可能是如果他不花这么多时间，成绩会更不理想，也有可能他在学习这件事上确实缺乏出类拔萃的能力。但是还有一点，他的父母几乎很少注意，那就是这样的他在平常生活中是多么无精打采。如果预先把快乐和学习对立、把快乐和努力对立，那就很容易容不下孩子的快乐，而把孩子的不快乐视为理所当然，然后视而不见。

关于快乐有很多争论，但是有几个关键点也许应该引起重视，那就是快乐有多少种类，什么让我们快乐。在我们平常的观念中，快乐一般是指享受层面上的吃得好、穿得好、过得好，想干什么就干什么。

但是，快乐并不仅仅包含一般意义上的享受。快乐也包括学会一项技能，在学习上有进步，或者克服了一些性格的限制。甚至因为成就感让他感到快乐，他对努力的欲望增强了，信心也就增强了。他不怕吃苦了，他想变得更好了。

和他不快乐的状态相比，他也许从讨厌枯燥的练习变得喜欢练习。他也许愿意尝试一下什么是努力，他迈着一只脚试探着前进，也许会因为失败而暂时失去信心和兴趣，偶尔也会放弃。但最主要的意义是，他的活力会从某种被动的静态转为一种起伏的动态。在起伏中未见得有成功，但是却有了很多发展的可能性。不仅是成功的可能性，还能让一个孩子体验到世界上还有和享受型的快乐不一样的快乐。

健康的快乐，很像心理上的一种动能，它激活、发掘出一个人性格中多种积极的潜能，让一个人能处于一种活跃的状态中。正是在这种活跃的状态中，我们可能更敏锐、更积极、更有开放性，更多地释放性格两面性中积极的因素。其实，最可怕的就是把小孩的不快乐当成一件再平常不过的事而放弃培养他产生一种整体活跃的内心状态。

孩子也许会说打游戏会让他感到快乐，学习会让他感到不快乐，那该怎么办呢？确实，很多时候打游戏比学习快乐，对有的大人来说刷手机比上班快乐。但是天天打游戏，天天刷手机，也不见得就会一直快乐。想通这一点就会明白，我们快乐的来源不止一种，只不过有些快乐可以信手拈来，不用付出努力，有些快乐是通过努力得来的。

一个孩子只爱打游戏，不爱任何需要努力的事情，并不能说明他只需不费吹灰之力的快乐，不需要那些从努力中得来的快乐，而可能是他还没有获得获取这种快乐的能力。如果把他和吃苦就一定不快乐关联起来，那一方面可能会忽视培养他获取这种快乐的能力；另一方面，他学习起来就会不快乐，这和他内心常态的不快乐是两回事。不注重培养他内心的活跃快乐的心理状态，他的行动看起来再努力，他性格中的潜能、能力中的潜能，也有可能还在沉睡，就像没煎好的药一样，有一些药性没出来。

第三章

内向焦虑：撕下“内向”的标签

第一节 内向是一种贬义吗

不管有多少证据和观点支持内向的优势，但是一个人一旦从别人嘴里听到对自己这样的评价，说自己是个性格内向的人，估计不会有多少人认为这是一种赞美和恭维。相反，倒可能觉得是一种冒犯。

内向不像“这是个好人、这是个坏人”等评价这样旗帜鲜明地摆明一种评价的立场，它很暧昧，要让听的人去猜，到底说这话的人什么意思，他是在夸我吗？还是在贬低我？它明明是个中性的词，为什么有时会让听到的人感到气愤，它那层没明说的意思是什么呢？

评价一个人“性格挺内向的”，哪怕是很有礼貌地、满面笑容地说出来，还是掩盖不住一种贬义，立刻会让对方感到被冒犯了。

那么“性格挺内向的”这句被概括的评价，究竟包含了哪些没明说的性格指向？

可能的内向性格指向是害羞、不善于表达、沉静、感受力丰富、胆怯、文雅、讲究礼貌、不放肆、退缩、犹豫、内敛。也就是说，性格内向包含多种积极和消极的指向，但在性格内向还是外向的评价标准下，通常评价一个人“性格内向”是指他内向性格中消极的性格指向。如果我们当真看重的是一个人性格中有价值的核心品质，比如，我们看重他是一个有思想的人、重情义的人、真诚的人、善良的人，那么我们可能不大会满足于用内向还是外向来评价和了解一个人。因为它太粗糙、太模式化，根本触及不到一个人的核心本质。

一位名人长者在写给侄女的信中，建议她在考虑是否嫁给一个年轻求婚者时，可以从这些方面考虑：“他非常和蔼可亲，坚持原则，思想正直，习惯良好——你很清楚所有这些方面的价值，而所有这些才是真正最重要的——性格的方方面面都是他最有力的辩护。”她提醒侄女，好的性格比活泼开朗、精神抖擞更重要。

很显然，她并没有把好的性格和开朗外向等同，更没有把价值和性格的外向、内向等同。

而在很多的表达中——不是所有这么说的人，说一个人“性格挺内向的”，却往往包含了这两方面的意思，一是把内向还是外向和是否是一个好性格关联；二是把内向和外向与一个人的价值关联。

前面说过，在这种评价中通常容易强调的是内向指向的消极一面。也就是说，说你内向大多不是在赞美你可能文雅的、沉静的、感受丰富的一面。而是你不善于交流、不善于表达、弱社交的一面。

从强调实用能力的角度出发，性格在实用的、在现实应对能力上的价值，可能成为评价标准的唯一价值。这也就是为什么一听到有人用着重评判的语气，而不是随大流的语气说你性格挺内向的，你可能瞬间就感到气愤，因为这个逻辑关系已然很清楚，他给人感觉强调了你性格中应对无力的一面，同时这一评判和价值关联，所以又会让听到的人有“你是在说我不善于交流吗？”

的感觉。

就内向还是外向的本义来说，一个人好静还是好动，本来应该是一种中性的描述，没有绝对的高低、好坏之分。一个孩子喜欢安静，就让他静静地一个人玩好了；一个孩子活泼好动，就让他在安全的情况下到处跑好了。就像植物有喜阴的，有喜阳的，有喜欢土壤干燥的，有喜欢土壤潮湿的；动物有耐力强的，有耐力弱的，耐力强的可能善于逃跑，耐力弱的可能爆发力强，短时间内提速快，所以，各有各的看家本领。

具有典型外倾人格的人好交际，喜欢聚会，有许多朋友，他们喜欢与人交谈，不喜欢独自看书和学习。具有典型内倾人格的人则是安静的，不喜欢与人交往，只有少数朋友。

如果单从个人的喜好和习惯上分析，完全可以考虑让每个孩子、每个人按照自己天生的性格需求去生活，只要合理合法、于人无害。但是性格外向还是内向已经不再是一件自己的事，它在某种程度上是别人评价一个人价值的一个标准。根据这个狭义的标准，一般体现在不用明说的性格指向的内容上——人际沟通的能力，当别人说你性格挺内向时，通常我们领会到的含义是，沟通能力不大行，甚至扩展了更严重的意思——融入群体的能力不强，融入社会会有困难，适应新环境会有挑战。

这可能就是这句评价看起来没什么特别的褒贬，但听到的人也许会觉得不高兴，会模糊地感到被否定了的原因。

第二节　什么是一般意义上的内向

不管是观察大人还是孩子，我们一般说一个人性格内向，似乎想表达的就是这个人不爱说话。“不爱说话”变成了对一个人是否性格内向的核心判断和最容易的判断。但生活中也有很多不爱说话，而并不会被评价为性格内向的例子。

“人狠话不多”指的就一定不是“性格内向”所指的性格含义，也就是说，这里面的重点可能不是语言的沟通能力，而是他有另一种打开局面、吃得开的本事，同样是一种有分量的人际能力。

就像有的人说话很少，甚至一开口就脸红，也没有很强的交际能力，但是并没有人说他性格内向。因为在他的气质中似乎存在一种东西，可能是自尊、威严，可能是撑住场面的能力，所以，哪怕他缺少好口才，缺少情绪互动的能力，但是他能沉住气。你可以感到他只是话少，或不习惯表达，但他可没有在这种人际互动中露怯。

有的孩子也是一样，从一般对内向外向的定义中，他应该属于性格内向的孩子：抿着嘴，话很少，朋友也不多，也不经常出来玩。但是大人绝不会评价他性格内向，更不会担心他。他话少，但会把需要表达的东西表达得清晰有力；他很少和别的小朋友一起玩，但是只要他出现他就不愁没有朋友，不会看到他徘徊在小朋友们的游戏之外，不敢加入或难以加入。所以人们更直觉感到的是这个孩子性格沉稳。

也就是说，我们虽然平时总是以不善于表达是性格内向的标志，事实上，也许不善于表达只是我们能看到的比较明显的一种沟通能力欠缺。但一个人的人际能力不止善于表达这一种，他的气场、情绪的稳定、心中的笃定，可能都是有分量的人际能力。

并不是所有不善于表达的人，我们都会说他性格内向。在我们的潜意识里，也许我们更想说的不是他不喜欢说话，所以显得性格内向；而是想说，他在人际互动中缺乏有分量的自我表达，所以性格内向。在这里面，不仅有对人际间的沟通交流的意愿、兴趣是不是强烈，在性格上是不是有沟通的开放性，还有一点就是捍卫性，即捍卫自我的能力是怎样的。

通常说一个人话少、性格内向，也许只是“话少”这种表现中的一种情况。一个人话少，可能是因为紧张，可能是因为骄傲，可能是因为稳重。虽然在日常生活中，很少有人有意识地刻意去区分这些不同之处带给我们的不同感受，但我们的直觉会让我们对这些不同原因引起的话少给出不同的态度，得出不同的判断。

察觉一个人性格内向，一方面可能是感觉到他交流的意愿不高；另一方面也可能是我们看出来他一与人交流就很紧张，在人际交往中表现出退缩、难以招架的状态，对待交流的攻势会逃避、紧张不安、胆怯，缺乏捍卫自我的勇气。也许这一点，才是家长在谈到孩子性格内向时，会觉得担心的原因。因为所指向的正是人际互动中的逃避退缩。

有意思的是，人们在一见面时，为什么评价对方的着眼点不是有趣无趣；不是时髦不时髦，而是温暖或冷酷；慷慨或自私；

为别人着想的人和不为别人着想的人；懂得倾听的人和只顾自己说个不停的人。而是首先评价和判断的是这个人性格是内向还是外向？在有些情境下，这也许只是随大流的随便说说，只是一种刻板观念的表达，然后依据对性格的刻板观念，以相应刻板的方式和对方相处。但在有些情境下，内向还是外向其实是指对方性格是不是有应对人际挑战的能力，隐含着对方在对待有压力的人际关系或者有压力的人际事件时，他的能力是怎样的，是易如反掌，还是有难度的？

在这里可能存在一种环境的含义，说一个人性格内向，如果不是随口一说，而是生活中常见的一种不言而喻，那一般是指他性格中人际交往的能力不够。但如果是在比较自然松散的人际关系中，允许一个人情绪表达的范围更广，彼此之间的交互、利益更少，彼此沟通的语言技巧也要求更少，更适合性格内向的人。

在一种存在压力的人际关系中，不管这种压力是有个人针对性的，还是广泛而普遍的。所有这些压力，都对性格提出了要求，尤其是当人际关系成为生活中一项重要的内容时。

如果一个孩子在自由活动的时候，自得其乐地玩耍，没有和别的小孩儿一起游戏，他给人的感觉也不一定就是所谓的性格内向。让大人比较强烈地觉得他性格内向的，也许是他在加入群体，或和别人打交道时，对交往压力的知觉和反应能力不强。

在人际沟通中也许到处有我们看不到的压力，这些压力虽然不那么明显，但应对这种压力的性格能力却被强调。也许人际交往在生活中的地位越重要、压力越大，所谓的性格内向就越显眼。

第三节　内向的真假之分

经常会有人这样形容自己，生人面前无话，熟人面前很疯，后面还要加上一句，等你和我熟了，你就会见识到我内心狂野的一面。尽管对一个还不了解他的陌生人来说，怎么也看不出他拘谨的外表下哪里狂野了。但是，很明显能让人感觉到他的内心有些东西是他现在表现不出来的。仿佛有什么无形的东西给他内心的活力上了锁。

有人在儿童时期曾经有过这样深刻的记忆，他形容自己的感觉就像被什么“绑住”了。他想告诉教师是同桌抢了他的橡皮；他想上课的时候举手，因为他看到所有的同学都不知道答案，而他知道，他很想站起来，感受同学的羡慕和教师的表扬。但是，他就是被“绑住”了。教师期待的目光一遍遍扫过班级，一遍遍地问有没有同学知道答案，他至今还记得他心中急切的声音，我知道我知道。但是，他就是无法举手，他感觉无法挣断绑着他的无形绳索。

等他长大成人，他也许能更准确地形容出他的感觉是羞怯。在标签化的性格认知中，一个人羞怯的表现很可能被归为性格内向。但有的心理学研究表明，羞怯是一个很常见的社交问题。社交焦虑和内向不同，意识到这一点很重要。内向的人不愿参加社交活动，这往往是他们自己的选择，而大多数社交焦虑者都不喜欢自己的羞怯。

这里可能出现了一个容易混淆、急需辨明的概念。在一般的印象中，性格内向的人应该同时都是社交焦虑的，有社交焦虑的人肯定也是因为性格内向疲于应付人际关系才感到焦虑的。它们似乎呈现出无须质疑的相关性。

但仔细研究会发现，它们的分叉之地，它们走向不同性质的焦点是个人的社交交流兴趣和意愿。被归为性格内向，但事实上是因为羞怯；不敢和别人有效交流的社交焦虑者，也许有极大的兴趣和别人交流。这就是为什么有人会在陌生人面前显得性格内向，在熟悉的环境里又是个十足的话痨，觉得自己的内心有头狂野的小野兽，一再地表示自己不是表面上看起来那么不外向。他其实感觉到的、想表达的东西是他的内心有强烈的沟通、表现、社交的兴趣和欲望。

这和真正意义上的内向是有很大区别的。如果内向是指在一定的程度上和自己在一起，脱离他人，那么最深层的内向也许就是对他人缺乏兴趣、对交流缺乏兴趣。

有一项对孤独者的研究揭示了一个人内心的孤独和对他人缺乏兴趣之间的联系，从侧面也能窥见真正的内向性质存在的状态。

> 孤独者对同伴的兴趣显得比较冷淡。他们问的问题较少，常常不能对另一个人说的话做出评论，也很少提及同伴。相反，这些孤独者更多地谈论自己，并转入一个与同伴的兴趣无关的话题。另一项研究发现，孤独者更可能给陌生人提建议，并且很少认同别人说的话。

总结起来，孤独者是对自己之外的人怎么想、做了什么、情况怎么样一概不感兴趣。很少认同别人说的话，特别能说明他和外人之间存在的铜墙铁壁。他不是因为和别人意见相左而不认同别人的话，也不是因为对人缺乏尊重。他很少认同是因为他忽视别人的意见。不是听不进去，听不进去也说明他知道别人在说什么。忽视，是他根本不知道别人在说什么。这是一种心理隔离的状态。

一个教师在对家长谈到孩子在学校里的表现时，用了“刀枪不入”4个字来形容。这不是说这个孩子有多皮、有多难管，相反，这个孩子很安静，从不惹事。说他刀枪不入是因为你怎么给他讲道理，批评他，他都像游离在另一个世界，听不进去一点儿。

虽然平时我们在评价一个孩子是否内向的时候，很容易把他的交流兴趣和交流能力混为一谈，但是也许有必要区分开来看。缺乏交流兴趣也许才是真正意义上的内向。因为这种缺乏交流兴趣已经造成了事实上的心理隔离，使得别人和来自别人的信息进入不了他的世界，更无法形成真正的互动。而交流能力的欠缺在一定程度上是可以练习和改善的。

就像有些羞怯的人说的，他们有时因为太害羞、太紧张，所以一下子不知道说什么好了。表面的逻辑是因为害羞，所以说不出话，但还要深挖一下他为什么害羞。有的孩子身上害羞的特点表现得格外明显，如果粗略地看，可能认为他性格内向，或者有自卑心理。但这并不是全部，同一个孩子，可能在有的情境下很大胆、很勇于表达，在另一种情境中却非常害羞。

用适合于当下情境的方式表现和表达，是很多人忽略的事情。

人们只注意到了这个人的害羞，看到了他羞得说不出话的表象，却没有注意观察，他之所以害羞、不知道说什么好，是因为他对当下的情境应该使用的语言、表达的方式、互动的方式没有掌握，或者不熟悉，所以感到手足无措，没有信心而显得退缩。但这种退缩，不同于真正意义上的内向，换一种他熟悉的、擅长的、可以把握的情境，他可能就会显得外向了。

第四节　内向孩子的情绪问题

我们经常听到别人说，有什么话就要说出来，不然会憋出病来。或者议论某个人，说他不快乐就是因为想太多了、想不开。似乎这些问题的出现都跟情绪不畅有关系。从这一点上说，一般意义上的性格内向，也就是人们印象中的不善于表达和沟通，这会让人联想到情绪的积压、心理压力的积压。而这种积压的压力，经过在心中发酵会不会极大地影响孩子的情绪呢？让人情绪不畅，更容易发脾气，也更固执，更不好沟通？

这里需要注意的是，一般意义上性格偏内向的孩子是否就一定比性格外向的孩子产生更多消极情绪，他对消极情绪的表达和消化是否存在困难。

从对刺激水平偏好的差异方面，通过对外向者和内向者的研究发现，外向者比内向者对刺激更不敏感，即内向者对刺激更敏感。一个外向者有可能置身于热闹的聚会，感觉自己生龙活虎，十分有趣；而一个内向者却有可能非但感觉不到乐趣，还感到精力耗尽，疲惫不堪，这是因为他对刺激更敏感。

内向的学生对刺激更敏感。因此，一个内向的人在喧闹的房间可能会被各种事情干扰，很难进入学习状态。相比之下，缺少刺激的外向者会觉得安静的房间令人厌烦。除非学习材料特别令人兴奋，否则外向的人会不时地停下来，环顾四周分心的事物，很难把心思集中到当前任务上。

内向者的这一特性很容易让人误解，即觉得一个抱着书本非要找到一个相对更安静学习场所的学生他太矫情，毛病太多；他戴上耳塞的样子过于夸张。但事实上，他可能备受其苦。对内向者的误解还可能不止于此。他可能会让人以为他缺乏生活兴趣，情绪容易低落，而且显得固执，甚至任性，难以沟通。

一个内向者可能确实表现出了更多的不良情绪。但这些不良情绪中，是否有一部分是因为适合他需求的环境条件没有出现。就像心理学家研究的，如果把一个性格外向的孩子放到安静的房间，只会让他分心和厌烦。也就是说，不管是性格外向还是内向，处在和自己的性格需求不相宜的环境条件下，都有可能会消耗精力、令其不快，产生不良情绪。

也许对性格内向的人不利的是，就人际关系的重要性和不可避免性而言，他对环境条件的要求更高，也更不容易实现。那么，他从和外向者相同的环境中，得到的乐趣也就更少，消耗的精力也就更多，也更不容易得到情绪补充。他可能真的会情绪不高，因为在看不见的地方，他也许付出了比别人更多的努力来适应环境，这也就意味着他更劳累、更容易发脾气。因为，当外向的人如鱼得水，在同样的环境中得到给养的时候，他却在消耗能量，自然不容易有良好的情绪。

如果不让他通过独处来充电，与人共处的压力就会对他产生更大的影响。在他能量减少时，他的行为也会向着不好的方向发展。

其实，这也能在一定程度上解释，为什么有的孩子总是在交往和应付人际环境时显得精力不足，他对别人兴高采烈的谈话毫无兴趣。你让他多和别人交流来往，他会说我能量、精力很有限，不得不省着点儿用。而换了另一个特别能发挥他天性的环境，他突然就表现出过人的精力。

不适宜的环境更容易产生自我挫败感吗？据研究者发现，外向者比内向者报告的平均快乐水平更高。简而言之，外向者一般比内向者更快乐。为什么呢？据研究得出的结论，有两点。第一点是外向者更喜欢社交，这样做的好处是，更有幸福感（社会交往与幸福感有密切关系），有助于缓解压力，能得到更多帮助。第二点是据心境测验证明，得到积极反馈时，外向者比内向者更高兴，得到消极反馈时，外向者却没有内向者那么失望。也就是说，他们更容易感到高兴。

那为什么内向者相对于外向者来说，不那么容易快乐呢？抛开其他因素，仅就性格和环境的关系来说，不适宜自己性格的环境，一来难以从中得到支持；二来因为应对起来笨拙，可能会产生恐惧和自卑心理，反过来又因为融不进去，而倍感孤独。有研究说，羞怯的人在得到别人的反馈时，会加上消极色彩，是因为他们会假定，别人对他们不感兴趣。似乎是他们这种自我挫败倾向妨碍了他们的表达。但是否他事先已经在并不那么适合自己气质的空气中，嗅到了消极反馈，这可能是他假定的，也可能不是，但他感觉到的格格不入是真的。自我挫败的感觉，既可能来自深感难以融入的孤独，又因为自己缺乏克服羞怯的勇气而独自羞愧。

因为这事关自我感觉，把自己的伤口扒开给别人看，也许比其他的沟通更难以启齿。这种不良的感受，有时可能会表现为一种让人难以理解的固执、毫无来由的暴躁。但这些情绪的产生，并不完全是性格的原因，而是和性格与环境的匹配度有一定的关系。

第五节　人为制造的“内向焦虑”

“不过，弗恩，小宝贝，我希望你今天在外面玩，不要上霍默舅舅家的谷仓去了。在外面找两个小伙伴，做点儿有意义的事吧。你在那谷仓里花的时间太多了——老这样孤孤单单的，这样对你不好。”

“孤孤单单？”弗恩说，“孤孤单单？我最好的朋友都在谷仓底。那地方可热闹了，一点儿也不孤单。”

“是弗恩的事，”阿拉布尔太太开门见山说明来意，“弗恩把太多的时间花在朱克曼家的谷仓了。这似乎不正常。她总是坐在谷仓底靠近猪圈的角落里的一把挤牛奶的凳子上，看那些动物，看一个钟头又一个钟头。她就这样坐在那里。”

……

“那么，”多里安医生说，“我想她会一直爱动物。不过我不相信她一辈子待在霍默·朱克曼的谷仓底。男孩呢——她认识什么男孩子吗？”

“她认识亨利·富西。”阿拉布尔太太一下子欢快地说。

“亨利·富西，”多里安医生喃喃地说，“嗯嗯嗯。好极了。好，我认为你没什么可担心的。如果弗恩高兴，你就让她和她谷仓里的那些朋友打交道吧。我可以不假思索地说，蜘蛛和猪完全

与亨利·富西一样有趣。不过我说在前面，有一天连亨利也会偶然说出些吸引弗恩注意的话来……”

这是著名的儿童文学《夏洛的网》中的几段。但是这种谈话、这种家长的担心在生活中又是多么熟悉。曾几何时，家长不光关心孩子的学习，还开始关注起孩子的交往能力。这条看不见的逻辑线，找小朋友玩——做有意义的事——孤单——对你不好——喜欢独自和动物玩，对动物感兴趣（而不是和小朋友玩，对小朋友感兴趣）——这似乎不正常，正在让家长变得焦虑。这种对性格的焦虑、对人际交往能力的焦虑，或者用生活中更常见的表达，即对性格内向的焦虑，正让人深受折磨。

“俺家孩子太宅了。我都撵着他出门走走。”

“我真担心，孩子在学校里连一个朋友都没有，是不是有交往困难症。”

这种内向焦虑的前提假设是，只有“亨利·富西”是有趣的；只有和“亨利·富西”玩才是正常的。也就是说，家长在心中已经预先有了一个行为正常的理想标准和看法，那就是社交能力弱就交不到朋友，没有朋友——“社会交往与幸福感有密切关系”，就会孤单，孤单，就容易出现心理问题。

但有一个现象是，有些被认为内向的孩子可能有更多深层亲密的朋友。有些快乐的、比较外向的孩子，和他关系好的孩子倒是不少，但你观察他的成长过程可能会惊讶，他缺少的是那种深刻的朋友、感情深厚的朋友、一生都忘不了的朋友，而不是他广泛来往，都玩得来的泛泛之交。但是显然他活得很好、很快乐，似乎他的内心幸福感能自给自足，他和其他孩子快乐的交往只是他内心中溢出的幸福感的一部分。他可能并不是先从交往中得到滋养和快乐，而是因为他快乐才去交往。交往只是他的快乐的一种外在表现。

事实是，一个人用自己适合的方式发动自己内心的活力非常重要。蜘蛛和小猪可能跟亨利·富西一样有趣，一样能从其他方面给人带来幸福感和情绪支持。所以对蜘蛛和小猪——对“有用、有意义”定义之外的东西感兴趣，也是一种正常的现象。性格焦虑容易让人目光变得狭隘，过于强调社交、强调社交能力和从社交中得到的健康与快乐，无视生活中让人快乐有趣的东西，甚至视这些无用的乐趣为有害的，觉得对这些东西感兴趣是不正常的，这是目光狭隘的表现。当正常和不正常的标准变得越具体越狭隘，它带来的不良暗示和影响比性格本身的问题更大。

有一个对杂草的定义比较有意思：“杂草就是出现在错误地点的植物。”也就是说，草还是一样的草，长在花园里那就是景致，但是如果出现的位置不对了，比如，出现在垃圾堆、荒废的院子，那就成了杂草。从这一点上来说，性格也是一样的，在不同的环境、需求和条件下，对性格应该或最好具备的能力强调的点也许是不一样的。但这不能绝对地说哪种性格特质好，哪种就不好，内向性格出现的位置也许恰巧暴露了它弱的一面，让它不能扬长避短，发挥自己的优势。但是，对它具备优势这个事实，对思考怎么挖掘培养它的优势，也许比把注意力放在硬扭它的短板上来得更有收益。

并不是说要罔顾人际能力重要性的事实，不是放弃对这方面的引导，而是怎么引导的问题。是只允许弗恩对亨利·富西感兴趣，不允许他的世界中出现蜘蛛和小猪；是暗示他只有和亨利·富西玩在一起才是正常的，还是允许他用自己的性格方式发展愉快的感觉，并从中自然而然地发展出其他和年龄相当的兴趣。这是值得思考的事。

也许问题的核心在这里，当你不允许他给自己真正的性格留一席之地，让他真正的性格需求得到满足时，他就很难发展出你期望他有的社交活力。单纯从他的生活中把社交能力拿出来强调和督促，也许适得其反，给他造成压力，甚至出现抗拒和自卑的心理。因为他可能还没有做好准备。他可能还需要从他眼前更感兴趣、更能把握的东西中汲取养料，这样他才能整体上成长和进步，从而更能做好准备，更有力量学习人生中重要的一课。他要变成更好的自己，才有可能更有社交兴趣。

第六节　内向视角：你看不到一个精彩的孩子

假如只会用内向还是外向的角度去看一个孩子的性格，无疑，《夏洛的网》中弗恩的性格很接近平时人们口中的内向性格。尤其是她上课的时候，总是一个人默默地沉浸在自己的世界中，想给她心爱的小猪起一个最漂亮的名字。当教师提问她问题，她却像做梦似的回答出她想到的小猪的名字："威尔伯。"她的同学们都咯咯笑起来，而弗恩自己脸都红了。

从内向的角度看，你看到的是一个活在另一个世界的孩子，她最大的问题似乎是缺乏和现实世界接轨的能力。但是，那是一个什么样的世界呢？那个世界中有有勇有谋、忠于友谊的蜘蛛；有天真可爱、不想被做成火腿的小猪；有自私自利、喜欢抱怨的老鼠，有它们之间发生的奇迹一样精彩的故事，这是一个应该被埋没的世界吗？这是一个应该被轻视的世界吗？

精彩这种东西从来不会存在于刻板和类型化之中。如果你翻开一个故事，看到的妖怪都是一个面孔的恶，那是无趣的；无趣意味着不能激发你大脑的火花，不能让你产生新鲜感的活力，不能带给你突破旧框框的思考。如果，你看到故事里的妖怪天真地试图取悦它的猎物，生气了还像一个任性的孩子一样打滚儿；它清醒的时候因为自己做的坏事感到忧郁，性子发作的时候却又遏制不住自己把坏事做尽；每个人物都是立体、多彩的，这样各色特质糅合在一起，是错综复杂的，是异彩纷呈的，是活力本身的。

而只习惯从内向的视角去看一个人，你容易看到的他是一个沉闷无趣的人。你会容易忽视他心底色彩斑斓的世界和那个世界中的宝藏。

将性格类型化，在有些时候会带来便利，但用类型化的视角，却很难认识一个真实的人。就好像你从影片、资料里面看到的，蓝角马这种动物，除了关心吃草，就是关心逃命，它是没有自己脾气的。但当你真的看到一头蓝角马时会发现，它因为一只野猫路过自己的院子，经过自己的食槽，会露出一脸阴沉好斗的神色，这种在狮子的捕猎中，只想着狂奔的动物，脾气也不小。

类型化视角的特点是，把对方当成一种类型来看，而不是当成具体的、整体的人物来看。这也意味着有可能将对方当成一种类型来评判，而不是在整体上，尽可能公允地了解对方。“类型化”他人，事实上存在一种武断的拒绝态度，拒绝真正地了解对方。

被标签化的人普遍反感实行标签化的人，因为这种做法是否认他的个性，无视他的人格以及他有别于他人的独特个性。

而这和类型化的认知和评判角度，也同样意味着，对类型范围内的东西过度价值化；对缺少类型范围内的东西，过度缺陷化。比如，过度强调外向的优势优点，过度关注内向的缺陷，而不能全面地看待。透过内向的视角，就等于站在矫治内向的角度上，不仅是以内向外向的性格标准来认知孩子，还要从对孩子内向性格的缺陷性表现的认知、挖掘和矫治上，认定和评判孩子是什么样的性格。这是一个极为狭窄的性格认知和评判范围，意味着太多性格的多样性价值，没有被纳入认知、欣赏和肯定的范围，同时，性格作为一个协同运作的整体，被排除在外的性格因素越多，越不容易培养出独具个性、真正出彩的性格。

而类型化的态度容易让人略过观察和思考的过程。无法区别出个性的特质和性格的多样性表现。但这一点又尤为重要，所谓因材施教，最重要的是了解不同人之间细致的区别和个性化的优势所在。

这样的态度在家庭教育中也许是非常大的浪费。因为家长是最有条件近距离地了解孩子性格的本质和多样性的、丰富的性格细节的人。家长是最有可能在这种性格挖掘中发现和组合他独特优势的人。如果草草地给孩子冠以性格内向之名，仿佛除了这一种性格特质，就再也没有什么值得关注的了，那有多少优秀的品质会得不到公平的对待和重视。对家长来说，又可能损失多少让孩子出类拔萃的培养方向。

在生活中同样不难见到，有些被称为性格内向的孩子，可能有着丰富的内心世界，他们特别的善良、没有攻击性、单纯，对美——物质的美和人性的美有着超乎寻常的敏感。如果换一种不是那么类型化的评价，他被内向标签遮住的优势，他最本质的东西，他真正的性格，他最应该被重视的品质，能得到更多的展现和发展，我们也许会惊讶地发现，性格的精彩原来有这样不同的内容。

第四章

外向：一种更受欢迎的性格特质

第一节　外向是一种褒义吗

性格外向，大概要分为两种情况，一种是一般定义上的性格外向；一种是被别人挂在嘴边评价的性格外向。这两种情况有什么不一样呢?

一个人可以是性格外向的，他具有一般定义的性格外向的特征：热情大方、开朗乐观、喜欢交流。但是人们在谈到他的时候，往往会根据他更具体、更重要的某个特点来形容他的性格。比如，可能会说他很热情、很友善，但就是不说他性格外向。这并不全是因为做出评价的人不习惯使用性格外向、内向这种评价标准。

而另一个人，他在性格表现上是一样的，热情大方、开朗乐观、喜欢交流，但别人说到他就会说他性格外向。这看起来似乎是一种随意的偶然事件，不值得关注，但仔细品一品，里面是有差别的。虽然认知上，我们认为性格外向就是具备这样一些显而易见的性格特质，但在日常语境中，在日常那些只可意会的意思里面，理论上的性格外向和这种意味深长的口头评价“性格很外向”，强调的点不一样。只有生活在这种环境里，才能体会到这种微妙的区别。

人际沟通是个体和个体之间的信息以及情感、需要、态度等心理因素的传递与交流的过程，是一种直接的沟通形式。沟通的功能主要体现在：沟通是获取信息的手段；沟通是思想交流与情感分享的工具；沟通是满足需求、维持心理平衡的重要因素；沟通是减少冲突、改善人际关系的重要途径；沟通能协调群体内的行动，促进效率的提高与组织目标的实现。

在很多性格外向的人身上可以看到，他们在人际关系上可能体验到更多的友善、融洽，能更容易获得更多的信息，但这大都是他们性格外向的副产品。他们外向，但在这种外向的沟通中并没有表现出过强的获取意识、自我表现力、耀眼的情绪吸引力及对外向魅力的强化使用。所以他们却并不让人意识到他性格外向，更不是“性格很外向”这种评价所指的外向。

“性格很外向”往往是指让人很强烈地感到某人的外向中有强烈的获取意识、自我表现、情绪主导，强调的是它在人际关系互动中的主动性、主导性、支配环境的力量的特质。

人际关系是人与人在沟通与交往中建立起来的直接的心理上的联系。心理学家以人际需要为主线提出了人际关系的三维理论：人有3种基本的人际需要，即包容需要、支配需要和情感需要；人际需要决定了个体与社会情境的联系；对于3种基本人际需要，人们有主动表现和被动表现两种满足方式。

如果从这种人际关系的三维理论出发，我们能比较容易地看出真正的性格外向和被口头上评价为的“性格外向”有什么区别了。

真正的性格外向者体现了更强的包容需要，是指与他人接触、交往、相容的需要和爱他人或被他人所爱的情感需要，却很少支配需要；而生活中一般被认为的“性格外向”，却可能给人相反的感觉，他可能有更多的支配（主导、影响）需要或意图，而相比之下有更少的包容需要和情感需要。

真正的外向者让人感觉愉悦却不耀眼，可能是因为他在人际互动中，更多地表现出主动包容——主动与他人交往，积极参与社会生活；主动情感——对他人的喜爱、友善、同情、亲密。而显然，像“性格很外向”这样的评价，似乎全凭日常对性格外向的感觉得出来的评价，强调的点要简单得多，可能抛开了包容需要、情感需要，着重强调了满足支配需要的支配能力，即获取人际资源的性格能力、表现自己的能力、影响主导人际关系的能力等。

可以说，在日常的表达中，说一个人性格外向，往往可能已经摒弃了性格外向的主要特征，而着重于这些特征在人际关系中是否有鲜明的主导力。它不再是一种单纯的性格表达，而是有了能力的意味。问题是，完全用这种角度认定“性格外向”，反映出了一种什么样的人际观念？在这样的人际观念中，人际关系是否只剩下了强弱关系、支配和被支配的关系，而情感价值、品质价值都已经不包含在这样的人际关系之内呢？对价值的认定，包括性格价值的认定，其实更应该建立在广大的视角上，它不仅令个人受益，也能令他人受益。

> 户外教育的巨大价值就在于，它将注意力放在那些总是促进人类团结的因素上：暴雨、狂风、和煦的阳光、幽深的森林，以及被我们的地球所激发出来的敬畏和惊异，尤其是在我们的启蒙阶段。

但是无论如何，“性格外向”还是带有褒扬和肯定的意味。对小孩来说，如果得到这么一句评价，家长可能会倍感心安。因为，一句简单的“性格外向”可能说明了很多家长关心的东西。

比如，知道孩子在幼儿园、在学校里都表现出外向的性格，这似乎意味着，第一，你不用担心他没朋友；第二，你不用担心他被欺负，就是有人欺负，他也会告诉教师；第三，他顾得过自己，意思就是他有什么都能表达，不会吃闷亏。

第二节　外向的魅力：情绪感染力

有一回亲戚家来了个小孩，我和朋友带她出去玩，一路上，我觉得我对她好极了，牵着她的小手，不停地关心她热不热，累不累，在爬山上坡的时候，我总是回头拉着她。谁想到，后来我发现，她的小眼睛从来没有注意过我，她的注意力完全被我的朋友吸引了。朋友说个笑话，她就乐得咯咯笑，虽然朋友自顾自地赶路，很少搭理她，但她的目光一直闪亮地跟着我的朋友。

这让我又惊讶又伤心，又愤愤不平又疑惑，心中忍不住纳闷儿，朋友到底好在哪儿，哪儿有那么大的吸引力？后来琢磨出来了，朋友这个人性格轻快、好开玩笑，他的情绪很有感染力。

情绪本身已经越来越被认知和重视，但是多数时候，我们关注它，比较多的是关注它的负面作用，因此我们经常说要学习如何控制情绪。但情绪在生活中的正面作用也不容小觑，在很多时候，一个人爱情上的失败、人际关系上的失败，都有不善于使用情绪能力的原因。

就好像一个外在优秀的人，虽然条件样样好，就是不知道哪一方面缺乏吸引力。他自己可能也很苦恼迷惑，他说的话、他的表情都表现出对爱情的积极，但对方就是不接他的话儿，对他不来电。其实，这个“电”，很大一部分就是情绪上的“电”——能不能调动对方的情绪，有情绪感染力，这个是打开对方心门的第一把钥匙。

认识到关系主要取决于情绪是如何交流的，以及关系中情绪的相互作用。

性格外向的人在人和人之间看不见的情绪互动上往往有更多的情绪感染力。这并不是说一般意义上性格内向的人，就缺乏情绪感染力，只是可能在情绪互动中，更多地给对方的是宁静、平稳、舒适的情绪感受，而这可能要仰赖对方有种慢调的欣赏心态。也许，很多人还是更容易被兴奋的情绪吸引，被热烈的情绪激发感染。

当家长期望孩子在外面能表现得性格外向一点儿，也许就是在期望他在外面表现出更强的情绪能力。

情绪能力和社会能力紧密联系在一起，因为处理自己和他人的情绪能力是社会交往的中心。这在同伴交往中尤其明显，因为在同伴关系中，受欢迎程度和友谊在很大程度上取决于一个孩子能否成功地把自己的情绪和别人的情绪联系在一起。

这可能也是为什么，总是那些性格表现更外向一些的孩子，似乎显得更受欢迎，他可能表现出了更多积极的情绪感染力，能更轻易地激发别人的情绪而形成情绪互动。

与表现消极情绪更多的孩子相比，表现积极情绪多的孩子有更好的同伴关系。

准确解释他人情绪信息的孩子会得到较高的社会评价。

这种积极情绪包括快乐、友好、兴致、对沟通的开放态度。你和他在一起会感到更快乐、更舒服，交流起来没负担。但并不是所有性格表现外向的孩子都有这样积极的情绪感染力。因为，性格外向的意思是能用更流畅、更明确的方式，把心中的情绪表现出来；它只是表现的能力，不代表它的情绪都是积极的。

就好像有的小孩，性格不可谓不外向。不管是和大人打交道，还是和小孩打交道，都对答如流、口才极佳，而且表现出很强的交往能力。但是，如果你和他相处得久了，你可能会发现他的外向并没有吸引力。他是有很强的情绪表达能力，但是他表达的情绪都是内向的。什么是情绪的内向呢？就是他的情绪大多是自私的、自我的、不关注他人情绪的，甚至他的快乐都不具有分享性。

这和“性格外向”所表现出来的性格的向外沟通的性质完全不一样，它只剩下了对自我的强调。而这既不是积极的情绪，也不具备情绪感染力。

反观那些真正具有外向性格魅力的人，他通常都表现出了一种眼中有别人的性格。这为真正有互动的情绪交流提供了基础，或者说有内向性格魅力的人也一样，他的眼中也有别人，只是用一种更符合自己个性的方式，即表现相对平静。

外向性格包括那些比较积极的情绪特质：快乐、兴致勃勃，对人和人的接触随时保持友好接受的状态，关注他人的情绪变化，并能将这种关注和理解明确表达出来。它的情绪感染力在于，第一，外向性格的人能让别人看到一个好情绪的自己；第二，他能看到别人。也可以说，他表现出比较有分寸的外向，既在情绪上是快乐的，又是不过分挤占别人的情绪空间的。

有的孩子性格表现非常外向，这可能既博得了许多同伴的喜爱，又让有些孩子不是那么喜欢。倒也不是纯粹的嫉妒，就像前面提到过的，一个性格有内向倾向的人，在喧闹的房间可能会难以集中注意力，觉得不自在。这种喧闹有时指的不只是声音，还包括其他人的情绪状态。在一个共同的空间和有限的人际空间中，某些孩子太过外放的情绪表现，他的快乐，对那些和他没有太多交集的孩子来说，可能感到的不是快乐情绪的感染，而是一种情绪上的喧闹和压力。

第三节　外向的孩子更容易应对挫折

在有些例子中，可以很清楚地看到童年的心理创伤是如何盘踞在一个人内心深处成为一个难以解开的死结的。比如，有的人成年后仍未忘记父母的偏心、亲戚的冷淡，或者是同学、教师说过的某一句话对自己造成的深深的伤害。

只是除了严重的创伤事件，有些引起心理创伤的事情，在很多人的童年经历中都或多或少的有过，却不见得都会给当事人留下创伤。就拿父母偏心来说，尽管当父母的喜欢说自己并没有偏心。但似乎不偏心很难，总有一个孩子，更讨父母喜欢。

父母这种偏心对孩子的影响也是不同的。有的孩子长大了会一直吐槽父母有多偏心自己的姐妹，对自己缺乏关心，不公平。也有的孩子，小时候受到不公平的对待，比如，好吃的都要让给弟弟妹妹，被欺负反而被家长骂，但她长大了依然和自己的弟弟妹妹亲密无间，谈到他们时会爱抚备至地说我就这么一个兄弟姐妹啊。

也许在这两种不同的态度中，父母的偏心程度、当时的环境对人的影响都有不同。一个人对伤害的感受程度可以分为两个部分，一个是伤害本身；一个是受伤害的人自身的承受力、复原力。同样的伤害，对不同的人伤害的程度是不一样的。有的人的心就像一块融化的软蜡，任何外力都容易在上面留下印记；有的人却不一样，他似乎对伤害的抵抗力和消融力都更强。

这一点在性格外向的孩子身上表现得比较明显。比如，有个调皮的孩子当众说：“你笨得就像一头猪。”这对有的孩子来说，可能是一生的伤害，他会永远记得说这句话的时刻，记得那个可恶的同学是什么表情，记得周围同学的窃笑，记得自己丢脸的感受。而性格外向的孩子，听到同样一句话，他可能瞬间也感到丢脸，并脸颊通红，但他可能会表现出一定的性格主动性。这种主动性有几个特点。

反击的能力：性格外向的特征之一，也许就是善于表达，不管是表达情绪，还是表达观点，都更有能力表现出来。遇到类似这样的攻击，“你笨得就像一头猪。”他往往不会把这种气愤或受伤的感受憋在心里，他可能会立刻反击，“你才笨得像头猪呢。”很多人有过这种心理体验，那就是你之所以一直生气，念念不忘，感到深受伤害，不仅是因为对方说了什么，最重要的是自己没说什么。也就是说，没跟上话还上嘴，没对对方的攻击反击才是最让自己生气、觉得窝囊的地方。生别人的气尚可，最难受的是生自己的气。

越过的能力：性格外向还有一个比较明显的特点是，情绪通常较其他人更欢快、更明朗。就像奔流的水一样，遇到石头、树木阻拦，会即刻寻找任何可能的路径，继续奔流向前而不受影响。这是情绪的另一个重要作用，像血液运走身体中的废物一样，把人生中遇到的“垃圾”也快速地带走。当有的孩子长久为了这句话“你笨得就像一头猪。”而闷闷不乐的时候，性格外向的孩子却很可能早就越过了这个插曲。情绪的流畅就像快速流动的水，所谓流水不腐，这种情绪快速流动的能力，能很快带走心中的不快，不会让不快在心中反刍，最后变成陈年的问题。

直面的能力：性格外向的孩子一般表现出比较喜欢和人交流的意愿，从这一点上他们也许更具有一些优势，在涉及需要交流才能解决问题的时候，他们更有沟通的勇气，更不会因为需要面对面解决问题而感到困扰。比如，有的孩子被同学欺负了，家长第一反应可能是，那你有没有和老师说。如果听到孩子没告诉老师，家长会生气，你又不是锯了嘴的葫芦，干吗不告诉老师。但是告诉老师这样一件事情，对有的孩子来说会是一种压力。因为要面对老师，和老师说话需要勇气。同样一句简单的话，"老师，他打我。"可能对有些性格外向的孩子来说更容易说出口。

抗挫折的能力：因为性格外向的人，往往生活中的人际交往较为主动，这种主动让他在挫折的人际关系中，更容易复原，更有抗挫折的能力。这并不是说在抗挫折能力方面，他就一定有更强大的内心、更强大的意志，而是说相同的挫折，因为他的主动性、他情绪具有流动性，所以带给他心理上的挫折感也许更小一些。这就让他可以付出相对更少的心力、更少的意志，却有可能达到很好的抗挫折效果。

因为在这种性格的特质中，蕴含的主动、开朗、变动都意味着情绪流动的顺畅、注意力善于改变，也就不太容易在一种挫折的状态中长期纠结，从而不会被挫折感更深地渗透，对思维、行为、心态产生影响。

第四节　外向的孩子内心更有安全感

据研究称，抑制型儿童会表现出一种特殊的焦虑，心理学家称为新异焦虑，这样的儿童在面对陌生环境时更容易害怕。而对内向和外向的研究中，有研究者认为行为抑制系统与内向有关。

> 行为抑制系统活跃的人比别人更忧虑。他们进入新情境时非常谨慎，不断地寻找危险信号，并且迅速退出可能招致麻烦的情境。

这并不是说抑制型儿童就一定是一般意义上性格内向的孩子。而是借由这个角度，我们或者可以思考一下，为什么性格比较开朗外向的孩子，不那么容易表现出害羞、胆怯、退缩等情绪，为什么他们会有这种胆魄，在面对陌生情境的时候安之若素。

和被称为性格内向的孩子相比，性格外向的孩子内心就体验到了更多的安全感、更多的笃定吗？如果从新异恐惧的角度入手，我们可以更细致地看到，“新异”二字不单是指大的、可见的、明确的陌生事物；不单是生活中比较重大的改变和其他容易辨认的新异事物。像一个孩子第一次踏进幼儿园，第一次置身在陌生的环境中和陌生人相处。

醒目的新异恐惧更可能引起家长的注意，也更可能得到有心的照拂。比较严重的是，新异恐惧渗透在一个人的每一个毛孔、每一个意外事件、每一个需要额外对付的挑战中，不管多么微小。比如，向老师报告小朋友抢了自己的玩具——都因为带有常规行为之外的新异特点而让孩子深感恐惧。如果仅从谁能在陌生的环境中更快地适应，谁能在表达自己的挑战中减少情绪障碍，来界定一般意义上的内向、外向，那显然外向的孩子大多能减少新异恐惧。

焦点也许就在于，外向的孩子相对外部世界能更少体验到恐惧。“识不足则多虑，威不足则多怒，信不足则多言。”这说明一个人的外在表现，往往是他内在状态的外现。正如同，一个人的情绪，有时可能是他心理条件的外在反映。既然我们在可见的体态和体能上有明显的差异，那么在不可见的心理状态和心理素质上也都可能存在显著差异。这并不是说外向的孩子如果能减少恐惧体验，就意味着他有更强大的内心。关键是这一点说明了什么，他为什么更少感到新异焦虑。

这可能是个复杂的问题，抛开遗传因素和环境因素，单从能提供借鉴意义的心理角度上说，一个性格外向、减少新异恐惧的孩子也许有更强的钝感力，自我感觉更好，对外部世界更少抱有预设的区分和排斥。

外向的孩子更不刻意敏感，尤其是对环境中的危险和敌意不会刻意敏感。和抑制型儿童不断寻找危险信号不同，在进入新环境的起始，他就抱着更开放、更自然的态度，而不是出于恐惧而对立、有意地挑选、评判，进而对某些人、某些情境旗帜鲜明地关上大门。他的态度作为和环境相互作用的一部分，可能缓和而不是刺激危险和敌意。

在众多的童话故事中经常会出现一个意象，当青蛙、野兽得到真爱之吻，它就得到了解救。从被施了魔法的动物变成了英俊的王子。事实上，我们可以从中看出“接受”的力量多么巨大。有时“接受”不仅化解了危险和敌意，还能与双方形成幸福的互动。它让丑的变美了，让危险的变平和了。

从这一点上说，一个不会刻意寻找危险信号的非抑制型儿童，他从环境中也会因此得到更多的积极回馈。这反过来更加鼓励他的外向倾向。

新异焦虑的问题是，它会在内心感受上得到分化和复杂。一个孩子单纯针对陌生环境和陌生人的恐惧焦虑，随着年龄演变会演化出许多心理分支，甚至有可能影响一个人的价值观，极大地束缚了人的发展。但到了那时，却很难辨别出它的原型了。它会让我们误以为这是理性的焦虑。

作为一个成人，他在做选择的时候，如果前怕狼后怕虎，习惯于找出和想象危险因素，他以为他是谨慎的，但这却很可能只是新异焦虑的成人化表现。

新异焦虑的特点是将最大的精力聚焦于最小概率的危险因素，并根据这种小概率的危险事件，做出生活大方向上的判断和选择。如果一个人的精力都集中在感受和想象危险的、不堪的状况上，他的心理状态一定倾向于不稳定、缺乏安全感。

在孩子身上，如果一个孩子他心中恐惧，对危险过于敏感，也就是说，对孩子来说最重要的安全感是不足的，这种状况下他是否还有心情坦然地呈现自己？

外向的孩子，就一般观察到的情况而言，他对外在世界的兴致，他对自我的坦然感，无一不表现出，他的内心经历了相对更少的恐惧。不要小看这种恐惧，它折射回来就可能成为挫败感。想想你所恐惧的事物，对自己总是带有挑战性和威胁性，可以说双方是一种力量的对垒，而难以克服的恐惧就容易成为心头的挫败。

从新异焦虑的角度看，外向的孩子因为没有表现出太多对陌生情境中危险因素的关注，对危险和危险造成的挫折缺少深度体验与想象，因此在心理体验上一定会享有更多的安全感。这种危险，不只包括真正的危险，还包括所有让焦虑者感到挑战和威胁的日常挫折，比如，他人的态度、他人偶尔语气的粗暴。

第五节　外向的优质与劣质

虽然外向往往被当作一种好性格备受欢迎，但也可以听到不同的声音，有的人明确表示不喜欢性格过于外向的人。给出的理由是性格太外向的人太闹了、太抢风头了，或者还有其他说不清道不明的原因。这可能确实不是一下子就能捋清的问题，尤其是它只是一种感觉。

在对外向的描述中，经常出现的词有“开朗”“活泼”“健谈”，最明显的特征通常是他们喜欢和人交往。但在日常生活中，似乎存在一种现象，因为很多人并没有对什么是外向有一个清晰的定义，所以有时它只是一种混合的感觉。在这种感觉中，只要是乐于表达，乐于和人打交道的性格特质，都有可能被归为外向。

但显然，同样是性情表现外向的人，给我们的感受却不同。有的人温暖有趣，有的人却只是让人感到聒噪和被他的性情掌控。他似乎过度地使用了外向的支配力，对不管是人际资源还是情绪资源有过多的侵占。这说明外向和外向也是不同的。

人们感受到的外向的共同特征大体只是在两点上，一是和人交往的意愿；二是社交能力。而拥有这两点性格特质的人，却可能在其他的性格特质上相去甚远。

我们在日常生活中是怎么从带有外向倾向的性格表现中，区分出攻击性、侵略性、过度控制他人、支配他人、无视他人的性格特质的？并不是内向倾向就不会有这些特质，而是这些特质在未加区别的认知中，有时容易和外向的特质混淆，那就是在人际关系上既有接触的意愿，又似乎很有社交能力。

怎么评判，要看个人对此的出发点是什么。如果以利益、适应为出发点，只关注拥有外向特征的人是怎样在人际关系中更适应、更能争取个人利益的，那也许就很难辨别出类外向行为可能存在的负面特质。

分享性的外向：外向作为一种性格倾向和特征，并不能包括一个人最重要的基本性格素质。不管是内向还是外向，都可能拥有诸如善良、真诚、友善、善解人意这些优良的品质。而这些优良的品质就像一个人性格的基石，当它通过外向的性格特质外在表现出来，它强化了外向的魅力。它甚至能起到一个分寸感的作用，在人和人的交往中让一个外向者的外向恰如其分。

他所拥有的优质的基础性格，让他的外向具有了一个重要特点，那就是分享性。靠近他的人，都能从他外向的心理资源——他心境的愉快、平和、自我感觉良好中分到一杯羹，让他内心中的光亮也能普照到他人。

他的愉快具有感染性。有一个误区就是，我们在强调性格的活泼开朗时，往往容易假设所有的活泼开朗都有感染力，都能在所在区域形成情绪上的正向波及，都能带给人快乐。但事实上，并不是所有活泼开朗的外向性格都会让人愉快，只是有一部分如此。待在有些外向的人身边，我们被感染的可能不是他的好情绪，而是他过于不加节制的情绪兴奋性，加重了自己的坏情绪。

优质的外向性格，它的分享性正是来自“看到他人”的能力，兼顾的能力。他的分享不分对象，他外向性的强度和情绪的强度，有时是会随着交往对象的性格和状态有所调节。对这样好性格来说，活泼开朗是他性格的基调，但同时并不是一幅不会变化的单调图景。他的情绪表达会伴随着对交往对象的理解、尊重和体谅，而有强和弱、动和静的变化。

单向度的外向：曾经有人这样倾诉，当学校里开运动会，我坐在观众席上，有几个同学就在我旁边有说有笑，但我却很想哭，我觉得很孤独。不知道有多少人有过相似的经历，你的不愉快和你的孤独，不是因为周围没有欢乐的情绪来帮助你冲淡，而恰恰是因为别人太欢乐了、太合群了，但你却被排斥在外，因为没有能力和别人的情绪合拍，进不了这个圈子而感到焦虑和孤独。

这不是看不得人好，也不是要把个人的问题推给他人。你自己不快乐，或缺乏在相应的环境中获得快乐的能力，就不让别人快乐了吗？而是就外向的情绪感染力而言，有的外向给人的感觉——尤其是不那么外向的人，恰恰不是一种愉快情绪的分享和传播，而是一种情绪的压迫，反而加重了他人情绪上的压力。

这很像一个嘴快、话快、反应敏捷的人，跟他在一起，嘴笨的人几乎没有插嘴的余地。因为你需要相对更长的时间来做出反应。而一个性情没有那么活泼开朗的人，也许同样需要相对更长的时间来慢慢在适应中放开情绪，但他人太过活跃的情绪有可能对他心理上的适应和放开形成了截夺，让他没有时间调整，或者说没有留给他表演的空间。

在负面性较强的外向性格中，有一个显著的特点，就是以自我为中心。这是单向度的外向，也就是说，在这种所谓的外向中，互动的意味并不强，这更像是一个人的自我的独立展示。他的想法、他的情绪，并不是传递给他人，然后保持关注他人的反馈，他只是表达自我。他这样的自我也许是很有魅力的，但和分享性的外向相比，却有更浓的排他意味。这倒不是有意的排他，而是以自我为中心的特点，会自发地筛选出情绪合拍的人，形成一个自己的情绪分享圈子。

第六节　强行外向：为了外向而外向的心理

外向一般被认为是一种性格优点，所以不乏有家长试图强迫有内向倾向的孩子外向。甚至孩子自己到了一定的年龄，对于什么样的性格更受认可和欢迎有了认知后，会自己强迫自己练习外向。

这样做的优势清晰可见，比如，练习更勇敢地表达自己，而不是把很多事情和感受闷在心里；交到更多朋友；从限制自己的恐惧中挣脱出来。它在外部行为上的有效性，在某些孩子身上是可以清楚观察到的。

人们最直观的印象是孩子变得开朗了、外向了，但是有没有人去问过孩子他在强行外向的时候是一种什么样的内心感受。一个进入青春期的孩子，他对自我已有了较多的认知和感受，当他主动强行外向的时候，他能对自己内心的体验有较深刻的感知。

有人谈到自己在中学时代强行外向的心理经历时这样说，他永远记得那种痛苦，想说话却不好意思说，内心总是处在挣扎和害羞的不良体验中。而强行外向的结果是，在经历了内心痛苦的挣扎后，他的确交到了更多的朋友，突破了自己，听到别人欣赏他性格开朗也感到开心，达到了自己想要的效果。但是他却感到很累，就像灰姑娘光彩照人的舞会行头，都是假的，只能坚持到午夜 12 点。

在假装开朗、强行外向的过程中，他感到的不是快乐，而是坚持一种自己没有的活跃情绪带来的疲累。虽然好处是能很快就融入环境，在别人接受了“你性格外向”之后，顺应这种印象也很容易建立起相应的相处模式。但是坏处是，在扮演别人的性格时，不仅容易心累，还容易因为心虚失去自信。

他经常想如果别人发现他真正的性格还会喜欢他吗？想要突破自己内心中恐惧害羞的限制没有错，因为他想要表达自己，想要和别人交朋友，他有这种需求。问题也许出现在处理的步骤上，他在还没有接受自己的时候，就强行修正了自己。

没有接受自己，往往也意味着对自身某些妨碍自己的部分没有正视和消化。比如，那些影响情绪的根本性问题——某种自卑、自制力差、缺乏对环境的掌控能力。而这一部分虽然被忽视了，但有可能始终影响情绪。从有的例子上看，孩子外向的能力是增强了，但他却存在一种自我贬抑的倾向，会过度认知自己性格的不足。或者说在强行外向中，过度体会自己在这方面的无力。

关键也许在于发现影响情绪的性格因素，逐步缓和、消除自我对立和自我排斥，从根本上培养外向性的情绪。

避免强化恐惧：强行外向有时是有突破性格局限的积极意义的。但在这个过程中，需要注意的是尽量不要只强调行为，而放弃了内心素质的基本建设。毕竟行为是内心的一种表现。

在对社交焦虑的研究中，研究者发现，社交焦虑者往往对所进行的谈话没有信心，通常都是附和、重复对方的话。并对社交存有一种自我挫败倾向。那么，其实从中可以分析出这种焦虑的来源。一个是社交本身让他害怕；一个是当一个人不得不去干他不擅长的事时，不管是因为外界要求的迫使，还是自我需求的迫使，“迫使”本身就能强化已有的恐惧。“迫使”要求他高度注意有挑战性的事物，迫使他必须面对自己的短板，并对此做出反应，这本身就让人焦虑。

如果一个人社交恐惧，但并没有什么强迫他非要社交不可，他是没有过于焦虑的理由的。焦虑就在这种不得不干、却自感没有把握的挑战性中产生。

因为“迫使”已经在心理上让人体验了不留余地的紧张状态。可以假想，当一个孩子被逼着外向的时候，他将面对着双重挑战。一个是对外向表现的恐惧；一个是在强行外向的过程中被迫的恐惧。有时这可能助他一臂之力，有时却要小心，在他没有做好准备的时候，反而弊大于利，摧折了他的心理动力。

最需要关注的是，强行外向是否不只是强化了他的外向性，他内心的状态是否也有相应的变化。行为外向实际上只是加强了恐惧的体验，比如，情绪过于激动，起伏大；外表阳光，但实际缺乏信心，不敢坚持自我；在社交中表现忽而外向忽而内向，外向性的表达不够自然。这种不稳定的性格表现，可能和强行外向的过程中，只注重表面的外向，却不从根本上注重内心的外向性建设有关。

如果强烈的恐惧体验一直都在，内心没有扫清恐惧而获得真正的坦然，外向性就只能像物体表面刷的一层金漆一样。

培养坦然的情绪：一个青春期的孩子，出于个人的意志想要让自己变得更外向，在强行外向时，仍然存在不小心形成某种扭曲的可能。因为这时他对自己是什么样的性格，为什么缺乏外向感，应该从何种地方着手才能根本而自然地增强自己的外向表现还不太清楚。

对儿童来说更是如此。这并不是说就不应该培养和鼓励孩子的外向感，从某种程度上说，心态的坦然可看作外向的门槛。一个常见的现象是大人自己经受不住孩子成长的煎熬。看到孩子在外面胆小怯懦、唯唯诺诺，一般人是受不了这种状况持续存在的。大人想要的是即刻解决、即刻见效，立刻把这个堵心的疙瘩解开。

最好是经过一番简单的说教和鼓励，孩子自己就能有所改变，并外向起来。至于他为什么害怕，为什么害羞，有时我们并不想深究。但是，如果过于粗暴和专横地强迫孩子表现外向，对有些孩子来说，可能起到的是相反的作用——破坏了他本来就不充分的安全感。他的恐惧和害羞并没有得到舒缓，却会因为新加了一项挑战和感到自己新的缺陷，更加失去内心的平衡和坦然。

给予一个孩子充分的安全感，并允许他接受这种来自外界的安全感逐渐发展为可对自己坦然接受，不管他以后的性格是外向倾向多还是内向倾向多，他的自我感受和性格表现也许比单纯的强行外向更舒服、更自然。

第五章

既内向又外向：孩子普遍的性格特质

第一节　孩子性格的求同性

在生活中，很多孩子并没有表现出明显的内向还是外向的性格特质，你会发现很难用内向或外向来形容他们。内向、外向作为人们对性格特质的一种特殊关注和知觉，似乎在某种程度上可以代表人们的某种内在心态。

我们作为群体动物，在衡量其他人在群体中的适应度、适应能力时，往往比较直观、简易地运用内向和外向这个标准，以此作为对其他人适应度的评定。显然，内向、外向都具有突出的特点，几乎处在适应度的两端。一种性格特质被认为存在潜在的适应难度；一种则具有为人称道的良好适应性，甚至是支配力。这两者，一个以略有贬低之嫌的方式被注意到，一个以为人称赏的方式被强调。

而多数谈不上内向或外向的孩子，他可能既不会像典型的外向者那样，有强劲的交往能力和情绪感染力，也不会像人们印象中典型的内向者那样，在人际交往中过于被动。换句话说，他在内向和外向的指标上没有鲜明的特征。或者说，这种趋于中间的性格表现，本身就是一种人际交往中性格能力的衡量标杆，一边即是外向，一边就是内向。

从某种程度上说，这也是被群体接受的标杆，因为他的内外倾向恰到好处，引不起人们的格外感受和关注。对动物来说，不被看到才是安全的，一旦被看到就会有危险。

而据儿童气质类型分类，显然，内向和外向兼有的儿童，更接近缓慢适应型。

容易型：高度适应、积极缓和的情绪状态；受到挫折时很少大吵大闹。

困难型：缺乏适应性，情绪强烈，通常是消极的。

缓慢适应型：在新环境中不安、害羞，逐渐变得越来越积极和适应。

也就是说，这样的儿童，在他的性格心理中，既存在害羞、退缩等特征，但同时他也具有积极适应的能力。表现出哪些性格特质，是内向一些，还是外向一些，有时要看强化的条件。

在一般情况下，他的不安和害羞能随着时间的推移、环境的熟悉，迅速得到淡化，从而表现出对外部环境的积极适应。但有时，我们也看到有的孩子小时候大胆外向，在进入青春期后却越来越表现出大人观念中内向的倾向。也有的孩子小时候沉默寡言、胆怯退缩，长大了却变得大方得体。

其实仔细观察会发现，这两个孩子在小时候性格中就包含了内向和外向两种倾向。之所以有的在小时候表现出大胆外向的特征，是因为在儿童期他性格中的简单直率更适合儿童的表达要求。但随着年龄的增长，他的简单直率、不加修饰，不再适应新的表达要求，这自然会抑制他的外向，同时性格中的害羞也懵懂地褪去，对人的察觉日深而表现得更明显。

而另一个孩子，当他小的时候，儿童间的简单直率对他的性格来说也许是粗野的，这让他感到害怕。但是当他进入了青春期，同带有成人感的同伴交往时，被要求更委婉，更强调趋同——也就是一致的价值观和行为方式。于是，他性格中最主要的特点“求同”，让他能更快、更无障碍地融入环境，这很好地平衡了他的胆怯和沉默。此时，让他显得外向的不是真的外向，而是求同的性格特质使得他如鱼得水。他运用的不是个人的而是群体的价值观，不是个人的而是群体的行为和反应方式。这意味着他个人的隐退，也意味着个人不再需要和环境单枪匹马地对阵，不再体验面对有挑战的情境时，出现紧张、害羞、脸红、自我抑制的情绪。

据研究显示，至少在一定程度上，个人的害羞程度可以随着时间而改变。当孩子们遇到新的环境、接触新的人群时变化最容易出现。比如，他们的每次入学，或者转学，或者上大学。为什么在遇到新环境、新群体的时候，这种情况容易发生呢？我们是否可以就此推想，对那些内向或外向性格不是特别明显的孩子，环境中会出现什么样的强化条件，强化了他性格中哪个比较重要的部分，也许对于他性格的发展和走向有比较大的影响。

和纯粹外向的孩子相比，这样的孩子也许没有那么强的人际环境驾驭力。但和真正内向的孩子相比，他也许在对环境的接受度和融入环境的意愿上，相对更高。可能就是因为这一点，环境中的强化条件对于他们性格的改变——或者说不是改变，是更深地发展哪个性格面向，即将哪个性格面向作为主要的性格表现尤为重要。

这些强化条件既包括环境跟个人性格的匹配度，环境给予的鼓励，也包括个人在和环境的相互作用中个人的某个优势与强项得到环境的认可。这种认可有时能有效地削弱环境中的阻力。举例说，在学校里学习成绩好的学生，可能在融入群体时遇到的自然阻力更小。他不太需要付出性格能力，就能自然而然地被接受。而被接受本身，反过来也可能强化他性格中外向的一面。假如他是个内向与外向兼有的孩子，他不再特别需要内向倾向的敏感去甄别环境中的危险因素；他将得到鼓励，更有勇气愉快地发展他的外向倾向。

第二节　影响外向感的因素

一个孩子除非有明显的内向或是外向的特征，否则难以引起别人对他性格是内向还是外向的注意。但是，不管他是内向、外向，还是二者兼有，对一个孩子来说，在本质基本不变的情况下，外向感和内向感往往比较容易受到其他因素的影响。

所谓外向感，也许更通常的说法是性格开朗。为什么一个孩子变得开朗了呢？最直接的解释就是心情变好了，这并没有什么难以理解之处。一个人心情好的时候，爱笑了、脾气好了、健谈了，给人笼统的感受就是性格变得开朗了。

我们在养育孩子的时候，看到孩子一见生人就害怕、胆怯、不敢说话，有时不免又急又气，这孩子怎么就这么怯懦呢？有什么好怕的？我们给他讲道理，耐着性子鼓励他，但很多时候失望地发现收效甚微。这时，也许要考虑改变一下策略，从忽略他的内心只关注他的行为，变为不再把内心的问题丢给他一个人，不再让他一个人从暗黑的内心恐惧中独自走出来，而我们只是在外面招着手假装看不见这一切。

和孩子的内心接触，不是只要他外部的行为达到我们的期许就万事大吉了。相反的是，外部的行为也许才是应该暂缓考虑的事。那是耕耘之后的收获，先需要深耕的是孩子心中的自我感。

心理学家曾提到一个概念：刺激的泛化。这有助于解释为什么人格特点会有跨情境的泛化。一个孩子由于对亲戚的礼貌行为而被夸奖，大概对新的陌生人也会有礼貌。礼貌行为从亲戚的刺激泛化到新的、陌生人的刺激。

如果我们借用一下这个概念，影响一个孩子外向感的东西，也可以认为是一种幸福的、良好的自我感的泛化。他今天得到了教师的表扬，或者在和小朋友的交往中获得了良好的体验，那这种从内心中感受到的更好的自我，也许会从学校里的表现泛化到在家里的表现。妈妈可能发现他突然变得更愿意表达和听取了，更通情达理了。这一点也类似于阿德勒提到的“当儿童对某一点有自信时，比在其他点上刺激他要容易得多”。

这种泛化的基础，从一种刺激激发出连续的、在其他方面的同性质的刺激是内心的触动。不触动他的内心，帮助他的内心，只是从外部要求他，那就容易出现拨一拨动一动的局面。只能一种行为一种行为地去矫正，今天批评他见了阿姨要打招呼，明天教育他被同学抢了橡皮要告诉教师。但是，正如心理学家所认为的，“如果在学前期，儿童的每一个正确的发音都必须得到强化，那么他们永远也学不会说话”。

如果一个孩子的行为全部靠外在的“必须”和“强化”，而全然不顾他的内心状况，那他会因为得不到内心的触动，而无法唤醒自发性，无法将得到的良性刺激泛化到生活中的其他方面。

与其强迫一个孩子在行为上外向，强迫他开口和人打招呼，更多地表达自己，不如先行观察一下，是否需要克制父母自己立刻就要见到教育效果的热情，而返身呵护和培育孩子内心的沃土。

安全感导致外向感增强：我们可以想象，当一个孩子内心所需的安全感得到了充分满足的时候，他和环境的关系是什么状态。是像一片向内卷曲、不肯展颜的叶子，还是舒展开全部的线条，在环境中尽情绽放的花朵。

当他的安全感不足时，他总会部分地去寻找和感知环境中的危险因素、不友好因素、相异因素，并容易抱着向内的防守姿态，对所有感知到的对立因素持保留态度。如果他的内心安全感是充足的，那他和环境之间的融合就相对有更少的阻力。他没有和环境对立带来的压力，所以表达更顺畅；也因为没有过度感受环境中的不良因素，对环境的接受就更容易。

这种外向感，体现在两方面的心理状态上，一是表达自己；二是接纳环境。安全感充足，就会减少和环境的对立，在表达自己和接纳环境这两方面，扫除来自自己内心的障碍。

被喜爱导致表现信心增强：喜爱和爱虽然看起来相似，但在我们的心理体验上也许还是存在着一些差异。爱，有时是深沉的，非情绪性的，不一定能表达出来；就是表达出来，表达不当也不一定会被接受。

喜爱却不一样，想一想吧，喜爱这种感情是带有喜悦、喜欢的爱，经常是表达出来的爱、是带有积极情绪的爱。这种爱在积极情绪的助推下深入儿童的内心，对儿童来说这不仅是一种被识别出来的爱、一种带给自己积极感受的爱，更是对自己无言的肯定和认可。

当儿童感受到来自外部的喜爱时，就好像有一双热情友好的手从外部伸向他，帮助把他拉出孤立的自我。他受到被认可的鼓励，增强了信心，激活了动力，更乐意表现自己。无论是他对自我的感觉，还是对外部环境的感觉，通常会更友好、更少别扭的态度。

气质相似导致适应性增强：不管是成人还是儿童，和环境的对立、相异，通常会在一定程度上影响他的外向倾向。这样的对立和相异，或者是来自自身，或者是来自不适合的环境。但不管是因为什么，都势必增加了适应的难度。而难度本身就会对人造成不同程度的压力和抑制。

在气质吻合的环境中，意味着一个儿童不必经过艰难的观察、学习来笨拙地修正自己的性格和行为表现，而学着掩饰、修改某些天性中的特点；同时，还要学着用环境要求的表现方式来表现。而这对他幼小的身心来说是艰难的、不一定适合的。在这样磕磕碰碰的修正和学习中，他也必然是难以从内心绽放的。

如果环境和他的天性是吻合的，他的天性被允许比较全面地展开——这并不是说他就不再需要完善，而是能在积极主动的情形下完善，是自然的完善，是不会打击外向性的完善——他的适应性就能增强，和环境的相处更融洽，这有益于外向性的开放。

第三节 影响内向感的因素

名著《简·爱》据说是作者本人的半自传体小说，其中有哪些是作者的亲历，虽然难以查证，但却带着作者性格的影子。小简·爱父母双亡寄养在舅妈家里，她饱受着心灵的痛苦。表哥欺负她，舅妈非常讨厌她。一方面是因为她毫无财产，寄人篱下；另一方面是因为性格，表哥称呼她为忧郁小姐，舅妈觉得她阴郁、鬼鬼祟祟，希望她性格开朗坦率一些。

简·爱自己也察觉到她在舅妈家里就是个异物，她跟谁都不一样。并且如果她活泼顽皮一点儿，外向一点儿，她的表兄妹会对她真诚友好一些，她的舅妈也会更容忍她的寄养。

但是她外向不起来。她看到表哥的凶残粗野、舅妈的自私，无一不提醒着她，他们和她在脾气等诸方面都是相反的。她表现不出外向，她不想和他们交流；而他们也不喜欢她这种不开朗的个性，也许他们感到了她对他们的排斥。

如果简单地看待内向表现，可以看作一种不想深入交往的想法。像童年简·爱，她不想把她本质而珍贵的一面展现给姨妈和表兄妹看；同时，她也无意识地表现出对他们有限度的接受。

她在和他们的相处中，表现出的不是内向的性格，而是容易让别人误以为是内向的内向感。这种内向感，就是想要关闭部分交往的大门，不乐意过多地展现自己，不敢展现自己，或者是在某种情况下习惯了、受到打击了。它有些趋近于某种被动的防御，就像对社交焦虑的研究中发现的，社交焦虑者惧怕别人的负面评价，他们不想与人深入交流，显然也是一种防御。

从这一点着手，能看清内向感一个重要的特点：内向的人对外界有威胁性的，或者他认为有威胁性的人或事物，没有掌握相应的应对方式，不知道该怎么办好。他们只能通过被动的半闭上交往的大门来保护，或者说试图通过有限度的交流和威胁划清界限。

恐惧导致内向感增强：在自然界中，一条蛇盯住一只小鸟，小鸟会被吓得不能动弹，丧失逃跑的能力。这幅画面以极端的方式展现了极度恐惧的情绪是怎样让一只动物失去自主能力的。人的内向感，或者也带有相似的性质，当恐惧增强的时候，有些人就可能部分地丧失自主能力。

社交焦虑者在谈话的时候习惯附和和重复对方的话，这也可以看作在焦虑恐惧下自主能力不能得到充分发挥的表现。他真实的感受和想法都没有办法自主地表达出来。或许可以这样说——不受控制地附和和重复对方的话，也是受控的一种表现。

我们经常可以看到，被家长大声呵斥、一再因为某事被责骂的小孩，经常出现一种状态，那就是像丧失了部分意识一样的呆滞。越责骂他，他越错得厉害。越盯着他弹错的音，他越是一再把这个音弹错。还有的小孩在责骂下，虽然不断地像改错一样重复做被要求做却没做好的事，却表现出机械感。类似于社交焦虑者重复对方的话，两者都带有自我表现被恐惧挟制、难以伸展的本质。

就恐惧可能造成行为上的机械、自主活力的削弱而言，吓唬孩子、羞辱孩子、无视孩子的恐惧，恐怕会让孩子表现出更多抑制性的内向感。这也是为什么在孩子还没有产生外向的自发性、没有做好准备的时候，强迫孩子外向起来，强迫孩子对欺负自己的孩子说不，强迫孩子大起胆子口齿伶俐地沟通和捍卫自己的利益，有时却适得其反。他非但没有变得外向，反而怯懦了。

真正希望孩子增强外向感，也许应该把重心放在帮助他减少恐惧、增强信心上。

不被接受导致表现信心下降：对社交焦虑的研究显示，社交焦虑者会对自己糟糕的社交有一种预期，并存在自我挫败倾向，比如，容易认为自己不受欢迎。那么，就像做其他的事情一样，如果你从一开始就对一件事情不抱有信心，那你就很难发挥出你全部的能力。如果你认为自己不受欢迎，那么你的魅力表现就会大打折扣。这就像一个手电筒，电不足的时候，光就不会很亮。

导致内向感增强的一个因素，是相似的信心缺乏。而这种信心缺乏，不能简单地认为是缺乏自信。因为自信的人也不是在任何情况下都是有信心的。在自己不擅长的领域或在和自己的气质不相符的环境中，都容易对表现信心有影响。因此，社交焦虑者对社交的糟糕预期，他在社交上的自我挫败倾向，全都是他个人因信心不足导致的想象吗？还是他从以往的经验、对文化习俗的了解中，预先感受到了不被接受的可能？比如，他的性格不符合当下对性格取向的价值标准，他的职业不符合当下对职业取向的价值标准。

就像一个儿童，他如果时时处处从别人的言语中感受到，自己不是有这个缺点就是有那个缺点，他可能一时还说不明白这种感受，但事实上他感受到的不被接受也等于是逐渐培养他的消极预期——我的表现将会是很糟糕的。结果就可能像社交焦虑者表现出来的那样，在他表达之前，他的信心就被削弱了。同时，表达自我的能力就已经部分地被抑制了。

第四节 内向还是外向，部分由环境匹配度决定

心理学家曾提到一个观念：良好匹配模型。根据这一模型，一个孩子在学校里表现得如何，部分取决于学习环境与这个孩子的能力、特点和行为风格匹配得如何。换而言之，如果一个孩子的性格气质和他需要完成的任务、需要适应的环境不匹配，他就更可能遭受性格上的挫折。比如，容易分心的孩子，在面对那些需要长时间集中注意力的作业时，就会感到非常困难。

在某些情况下，这会成为恶性循环。越不适应，自我的批评和来自环境的批评会越多。如同心理学家谈到的，这样的自我批评和外在批评会强化孩子的消极自我评价，导致自尊心下降。

气质和环境的不匹配，在波德莱尔的诗歌《信天翁》中有特别生动的展现：

海员刚把它们（信天翁）放在甲板上面
这些笨拙羞怯的天空之王
又大又白的翅膀
就像双桨一样拖垂在它们的身旁，多么可怜！

这背着翅膀的旅客，多么怯懦呆滞！
本来那样美丽，却显得丑陋滑稽！

在这首诗歌中出现了几个词和两组对比，应该特别引起关注：笨拙、羞怯、怯懦、呆滞；天空之王对应拖垂无用的翅膀，本该拥有的美丽对应现状的丑陋滑稽！

这就引申出一个问题，一个孩子为什么会笨拙、羞怯、怯懦、呆滞。是他本性如此，还是在特定的环境中如此？如果环境不同，他是否会有不同的表现？如果是，是这种环境中的什么因素让他感到羞怯、内向？

一个孩子曾说，他害羞是因为周围人的行为让他害羞。比如，一个阿姨紧紧地盯着他问："考试考得怎么样啊？这次考了第几名？长得越来越壮了，不能吃太多，胖了不好看！"孩子感到很害羞，但他并不是因为自卑而为自己感到害羞，并不是因为自己的成绩一般、自己有点儿胖害羞，他害羞是因为这个阿姨的语气态度中，带着夸张虚假的热情和肆无忌惮的评价。他不知道应该怎么办，怎么回应。含羞草被人一碰叶片就会合上，是为了自我保护，那么他其实也是。

在性格气质不匹配的环境中，有时是包含了价值观、行为方式的不匹配，大家强调的价值点不一样。像心理学家指出的那样，在强调整齐划一的幼儿园里，多动的孩子显然会遭遇更多困难挫折。这些困难挫折，就像阿姨的盘问。无所适从、感到害羞的孩子，就在不匹配的价值观和行为方式带来的对立中成长，不匹配往往暗含了矛盾和双方对彼此的否定。

当信天翁被水手抓到船上，它一从天空落到甲板上，它那和风暴抗衡、引以为傲的翅膀，居然成了多余可笑、让它的步态更加笨拙的累赘。这一点很重要，也许我们应该好好审视一下，我们自身那些被视为累赘的性格特点，在生活中拖累了我们的是不是只是因为没有找到合适的用武之地？

而更重要的是，观察到一个小孩的怯懦、害羞，需要区分他是天性如此，还是不匹配的环境激发和加重了这种表现？也就是说，他是可以美丽的、外向的，可以有天空之王风采的，只是因为在不匹配的环境中，翅膀变成了累赘。或者说，潜藏在他怯懦背后的性格原因是否也可能孵化出一对迎风飞翔的翅膀。

关于安徒生的童话《丑小鸭》的故事一直有些争议，其中被质疑最多的一点就是，丑小鸭自己什么都没干、没努力，就凭着它天生是一只天鹅，摆脱了自卑感过上了幸福生活，这有什么借鉴意义呢？

但是，如果从另外一个角度看，结合作者本人小时候被嘲笑的经历，完全可以看出，这其中涉及人和环境是否匹配这个主题。而且，对于遭到环境的唾弃和排斥的主人公，故事明确指出了不是主人公的错。占主导力量的环境判断也不都是对的，有时它也是刻板局限的。

但有启示意义的是，丑小鸭不知道它和其他小鸭子不一样，是因为它是一只小天鹅，它丑不是真的丑，而是其他动物按照小鸭子的标准，认为它不符合一只小鸭子应该有的样子，所以认为它丑。当它不匹配环境，不符合环境加给它的标准，它就自卑了。假如它是一个孩子，谁也不能肯定它在这种打击下还会是活泼的、外向的。它东躲西藏，为自己感到羞愧。可以说，这种不匹配性造成了它一定程度的自我收缩，以人的眼光看，可能会认为它害羞内向，直到它回到它的同类天鹅中去，它才重新抬起了头。

有时在不匹配的状态下，优势得不到认可，劣势却被放大，一个孩子“展开自我”的状态就容易受到抑制；而在匹配良好的情况下，儿童容易建立自我价值感，那么相应而来的，就是外向性的、开放自我的兴致和安全感。

虽然在生活中，我们很多时候无法挑选环境，总会碰到和自己的性格不匹配的情况，但也仍然要保持平衡的心态，全力以赴地达到较好的磨合状态。但知道这一点，起码可以在努力适应的时候更容易一些。如果你知道，有些挫折并不完全是自己性格的错，就会减少不必要的自己对自己的过度批评。要知道，自己对自己的不恰当批评，也是会影响外向性、影响和环境融洽相处的。

这样做可以首先从自己内心这方面驱除不匹配带来的不适应和因不适应导致的内向性。

第五节　内向还是外向，部分由自我感觉决定

一个孩子的内向感被激发还是外向感被激发，虽然部分是由环境的匹配度决定的，但他个人的感觉，他的个人价值感，他对自我的一种模糊的信心和评价，也会起到部分作用。

人们对同样的环境压力反应不尽相同，除了其他因素，我们经常还会把这种差异归为性格的差异。而这种性格差异中，有一项就是对外界评价的反应差异。有的人一辈子受制于别人的评价，他的许多取悦行为都是为了让别人夸自己。那么反过来一旦受到别人的否定和攻击，就会极大地打击自己的信心。而有的人，恰恰相反，他并不是那么在意别人的评价。你会发现，这是基于他对自己有笃定的认知和基础的信心。

这就出现了一个关键问题，尤其当自己和环境不匹配——不符合环境的价值评价要求，一个孩子会对此有何反应？是深感羞愧、自卑、受到打击一蹶不振、束手束脚起来，将自己暴露出来的某个弱项泛化为对自己整体的否定，还是能对自己有较稳定的把握，只把这个弱项看作整体自我、一个有强有弱的自我中不可避免的弱点？

为什么面对同样的批评、同样的失败、同样的环境负面反馈，孩子们的反应并不一样，有的可能从此有了自卑的心病，有的却很顽强。而同一个孩子对待不同的负面反馈也会有不一样的反应，

有些批评让他满不在乎，有些却让他深感羞愧。

短板泛化：当一个孩子在做游戏的时候，被同伴讥笑太笨了。他通常可能有两种反应，一种是在同类的游戏中不太自信，有些紧张；一种是在生活中其他的事情上也开始不自信，怀疑自己是个笨蛋。

前者在对待来自环境的评价时，并不是全盘接收，但会不知不觉被这种评价左右和控制。他对自我的认知和判断，就是一条分界线，可以区分出外在评价的影响范围。

后者却容易把他在某件事上表现出来的某种短板，以偏概全地认定自己是个什么样的人——我打球太笨了——我很笨，然后从这个对自我的认知中心出发，每做一件事都会触发这个认知，我能做好吗？我看起来是不是很笨拙，别的同学会不会嘲笑我，在缺乏信心的情况下，很可能真的笨拙起来，这又反过来印证了我很笨的认知。这样的循环容易引发内向性倾向，这种倾向至少存在于某一部分性格表现中。

在对低自尊的研究中，我们也许能从中得到一点启示，为什么有的孩子受到一点儿贬低，就这么容易把这种贬低扩大成对自我的否定。

> 低自尊者更容易相信符合其消极自我形象的反馈。
>
> 消极反馈引发了对相关的其他消极想法的联想，让低自尊者想起自己的其他错误和缺点。

并不是说具有这种特点，就是低自尊者，但从这两点描述，我们或许可以反观，有些孩子容易把短板泛化、把批评泛化，是否也有这样相似的特点。比如，在心中因信心不足，事先有一个消极自我形象；对经受的挫折失败有消极联想，甚至消极想象，强化了外在的批评带给自己的感受。

换而言之，和那些不会把单个的批评、某项性格能力的批评，泛化成对自己整个人的批评的孩子相比，他们的区别就在于谁对自己有更多替代性的支持评价。

外在批评吻合内在批评：在对社交焦虑的研究中，有一点让人感兴趣，社交焦虑者之所以在社交谈话中呈守势，表现出不想深入谈话的样子，是为了逃避他人的负面评价。这就存在一种可能性，他预先就准备逃避是因为他认可可能出现的负面评价的价值观。

也就是说，他自己也认为社交能力是重要的，羞怯、拘谨、口齿笨拙是比较严重的缺点。当别人批评他的时候，不管是不是直接把这些特点指出来，还是以其他的理由表达对他社交性格的批评，他都没有任何内在的力量来驳斥，或者说捍卫自己。因为他自己也是这么认为的，这就让他只能被伤害，就像一个没有自卫能力的人。

从这一点也可以看出，为什么有的孩子，你说他懒他并不以为然。这是因为，第一，在他的价值观排列序列里，“努力”并没有排在很重要的位置。他不看重努力，就如同一个人根本不看重社交能力，那他也就相应地不太在意自己在社交能力上的匮乏。别人对他社交能力的负面评价相应也就没有那么大的威力。

第二，外在评价中透露出的价值观并不和他的价值观吻合。

他可能不但觉得努力不重要，而且不认可懒惰就是了不得的缺点这个价值观。所以，你可能就这一点批评他无数次，但对他的自我感觉没有实质性的影响。

但如果反过来，他对自己的懒惰深以为耻，他认为努力很重要，并认可懒惰是可耻的，那当有人这样批评他的时候，就可能对他产生比较重要的影响。这时，他再也无路可逃，找不到任何支持和防护——起码在这一点上，来抵御不良的自我感受。

第六节　刻板的性格概念对孩子性格发展的限制

如果我们对那些经典儿童文学塑造的儿童形象或拟人化的动物形象，以内向还是外向来进行性格归类，是否可以做到？谁能说汤姆·索亚、匹诺曹、小人鱼是内向还是外向。提到汤姆，他活泼调皮；匹诺曹，他撒谎不听话却仍是个好孩子；小美人鱼，充满爱的牺牲精神。有人或者会说，这都是虚构的形象。但是，这种虚构的形象，是经过发现、提炼并塑造出来的，在某种程度上，不失丰富的启迪性。

这并不是说，我们就一定要脱离现实环境对我们提出要求，毕竟有良好的沟通能力、情绪表达能力，这些被一般笼统归为外向的性格特质，对于一个孩子的良好适应、身心健康是件好事。问题是，与其完全把目光集中在孩子的性格是内向还是外向上，并贸然直率地对其进行改造，将是件伤筋动骨的大工程。不如顺势而为，顺着孩子的个性优势和个性特点发展他的外向性。

试图简单粗暴、一劳永逸地去除我们认为有害的性格特质，比如，内向的性格表现，也会同时冒着失去他独特发展优势的风险。而失去独特发展优势，很可能会跟在别人后面亦步亦趋，失去自我价值感，反而可能助长了其内向性。毕竟别人的衣服再好看，穿在自己身上也不一定合身。

需要我们加以思考和观察的有以下 3 点。

简化的坏处：简化孩子的性格特质，将其简单地分为两个类别，性格内向的和性格外向的；与淡化对性格内向和外向的关注，转而放在引导孩子的外向性上。哪种情况会更让我们尊重孩子的天性——也就是看到他更丰富的性格呢？

显然，如果着重以内向、外向的简单分类来看待孩子的性格，我们很容易就会只关注和内向、外向相关的性格特质。而这对于一个真正的、活生生的孩子来说，是远远不够的。因为这可能让我们错过他最重要的、最有独特性的核心性格特质。

也就是说，我们可能根本就没有认识一个真实的孩子。而人们常说，真正的情感联结，都是建立在真实自我的基础上。如果我们连孩子最真实的样子都不了解，何谈建立好的亲子关系。这一点在孩子小时候也许还不明显。在进入青春期以后，父母与子女之间很多矛盾的爆发都和父母紧紧抱着理想孩子的形象不放，也没有放下身段认识那个真实的孩子有关。

这种冲突的根源之一，其实就是刚开始拥有了一点儿反抗力量的孩子，不想再忍受加在他身上的刻板的理想模式，包括性格的理想模式。他天性中蕴藏的性格因子在要求发展的自由。

作为父母，是否真的认清了孩子的本真性情？

不能浪费孩子的性格潜质：我们是否想过，当我们习惯于简单地将孩子的性格分为内向和外向两类，在内向和外向两大类别之下，还会分支出哪些重要的性格特质？这些性格特质又具有哪些重要的两面性？

在内向标签下的性格特质，害羞、拘谨、不善言辞是否是一个性格宝藏的冰山一角？如果经过正向地培养和引导，它是否会是“芝麻开门”一样的宝藏钥匙？同样，在外向标签下的性格特质，活泼、健谈、乐于社交是否就毫无坏处？如果偏离了正向的引导，它会不会也有负能量的一面。

尽管大多数父母都希望子女性格平稳，而不是性格激烈。但激烈、高情感强度的性格，却可能孕育出一个艺术家。“喜怒无常的艺术家则因灵感驱动的能量突发而大放异彩。”这倒不是说我们都可以放任孩子的性格了，而是说尽量不要轻易区分性格的好坏，更不要轻易把认为是坏的性格连根拔掉。

在不被赞美和认可的性格特质中可能包含着某种成就他的、不可或缺的东西。作为父母，也许就要像深海捞珠一样，冒着走出观念舒适区的风险去探寻危险中的宝贝。这当然不如直接把这种性格特质抑制住来得省事，把其中包含的危险的、不良的和独特的、珍贵的一并扔掉要容易得多。

而更好的做法是抛开刻板观念，接受孩子真实的个性，秉持不浪费的原则，不浪费孩子已发掘和未发掘、被认可和不被认可的性格潜质。将孩子所谓负面性格中的正向特质培养打磨，让其发展，是对负面性格中的负面特质一种相应的削弱。也许不必连根拔掉就能很好地共存。

限制性格，也会限制信心： 如果过于强调性格内向、外向的这个面向，对内向倾向的孩子来说，是否会承受太多性格的压力，导致自卑。难道一个孩子性格内向就一定会压抑、不快乐吗？还是当他认为只有性格外向才是最重要、最有价值的性格时，他才觉得不快乐。

在对自尊的研究中发现，高自尊者通过关注自己的优点而不是所犯的错误，对失败做出反应。当告诉他们在一项任务上做得不好时，他们会提醒自己在别的方面做得不错。这让他们保持了良好的自我感觉，对待失败也更有韧性。

同样，如果我们能着眼于孩子更多的性格特质，就等于让孩子拥有了更多对自己的性格自信和欣赏的点。“我可能动作慢，但我很善良”；“我可能学习成绩一般，但我手很巧”；“我可能自制力差，但我有韧性”。这绝不是阿Q精神，这是一种对性格更全面的认知和有益健康的平衡。而找到这种平衡，并不是让人满足于平衡，而是这种平衡给了我们宽松心态，不至于被某项挫败轻易打败，能保持继续前进的信心和韧性。

我们经常说要激发孩子的自发性、内驱力，而信心也是一种内驱力，信心也会激活自发性。如果限制了孩子性格不同面向的发展，就可能限制他从不同性格面向中汲取信心的范围。而信心是性格建设中一项重要的力量。

第六章

积极的性格

第一节　什么是积极的性格

在探讨什么是积极的性格之前，我们可以先来观察一组儿童性格的对比。

在马克·吐温的经典儿童名著《汤姆·索亚历险记》中，主角汤姆其实还有一个同父异母的弟弟西德尼。从表面上看，或者说从对一个孩子的要求上来看，汤姆和西德尼，正好一个是“坏”孩子，一个是“好”孩子。一个调皮捣蛋、不爱学习，有一个“坏”性格；一个规规矩矩，干干净净，从来不惹是生非，有个“好”性格。

但是随着他们的生活画面在我们面前展开，我们不光看到了他们表面的性格，还看到了他们内心的性格。我们看到汤姆虽然顽皮、偷懒、不听话，但他充满了童趣，还有一副热心肠和真挚的感情。而西德尼表面上又顺从又听话，背后却小动作不断，不断地坑汤姆。抚养他们的老姨妈似乎看透了这种表面性格，本能地更喜欢汤姆。

在这种情况下，似乎很难再用好坏来界定他们的性格。更准确的表述也许是谁的性格更积极，谁的性格中包含更多积极的因素。

有一点容易混淆的是，积极的性格和我们平时所说的性格积极是有区别的。西德尼明显比汤姆性格积极——他更遵守规则，学习更努力，更听从大人的教诲，甚少惹是生非。对于外在的要求表现出更积极的兴趣、更积极的配合和努力。这通常是我们在评价某人性格积极时感受到的性格表现。

而积极的性格涵盖面更广、性格特质更多样和复杂。它的积极因素也因此不是那样容易被认知。如果不是被作者置于聚光灯下，让我们从多个方面去发现、认知、反思调皮的汤姆，那他就是一个“坏”孩子。他身上毛病太多了，逃学、偷吃、早恋、不爱学习、不爱劳动、恶作剧、打架、撒谎。单拿出两三样打包成一个缺点组合，就足够让人在不了解他的性格整体的情况下，对这个孩子是个什么样的保持谨慎的缄默。

但是作者让我们更全面地了解了这个孩子的性情。我们不光看到了那些罗列在一起时，显得干巴巴，甚至不可原谅的缺点。我们还看到了他失恋时伤心落泪、为老姨妈的哭泣肝肠寸断、挨打受骂时的哀伤自怜、因为缺乏勇气救人的良心痛苦。我们还看到他是那样充满了儿童的天真和可爱、活力和顽皮。他还表现出少有的爱的牺牲精神、正直和勇敢。

真实之处正在于，他的勇敢不是纯粹的勇敢，而是伴随着犹豫、胆怯、纠结、恐惧。在铆足勇气出庭作证，搭救了无辜的老人波特，并指出真正的凶手之后，汤姆想到逃走的凶手会来找他复仇，他又害怕极了，后悔极了。

他之所以成为一个活生生的经典儿童的形象，不是因为他有这样的优点，或有那样的缺点，而这些优点和缺点都独立存在，互不发生作用。相反，他活生生的形象正是来自天然个性中，不同个性成分之间相互矛盾、相互斗争而产生的一种动力。

可以说，正是这样一种动力，最大限度地激活他天性中所有成长的可能性。在西德尼的身上，这种优点和缺点的割裂与它们之间互不发生作用的状况非常明显，结果就很可能是一个孩子缺乏真正的成长。西德尼通过表面的配合，配合老姨妈的要求做一个循规蹈矩的好孩子，事实上是掩盖和保护了自己的缺点。他成了两个人，一个听话规矩、行为模范，一个背后使绊子，内心阴暗。这是危险的，也是作为读者本能地感到他缺乏活力的原因。

从这一点可以让我们看到，积极的性格不一定是我们想象的一种对待生活无瑕疵的态度，一种没有情绪起伏高低的稳定热情。积极的性格，首先应该是自发的、真实的、积极生长的性格。一个孩子懒惰、软弱、自制力差、任性、情绪化，几乎在各方面都被人看作一无是处，但仍可能具备积极的性格。

在《永远讲不完的故事》这本书中，描写了一个草包男孩是怎么战胜自己，同时拯救了幻想王国的故事。这个草包男孩不会任何运动，是个留级生，还是个被同学嘲笑、欺负的胖子，用书中的话说就是样样都不灵光。但他通过了在幻想王国一系列冒险的旅程，其实也可以看作心理上的模拟冒险体验，在回到现实世界之后，他真的变得勇敢、果断了。他也是具备积极性格的。

现在我们经常提到逆商，并意识到逆商对孩子来说有多重要。而在汤姆和草包男孩的身上，我们可能看到了更重要的东西。他们并没有有意识的、运用意志来克服自身的弱点、摆脱生活中的挫折——他们拥有的是逆商的种子，是生命力、修复力和修正力。

“积极”不是指他的性格已经具备的完美情绪和完美态度，而是一种向上的动力状态。这种积极的动力，既可能容易辨认，在一个孩子身上明显表现出积极成长的状态；也可能在一个人的性格和心理上产生缓慢而持续的成长推动作用。它既可能有着明确的成长方向，也可能有着强烈的自发性和更多样的可能性。

第二节　心愿与挣扎：一个真实的孩子

谈到积极的性格，有的孩子从小就表现出明显的积极性格：热情、有主动性和积极性，有积极成长的不竭动力。那么，我们要谈的是另一种孩子，在缺点中挣扎，竭力冲破缺点对自己成长的阻碍。我们一般会被他们的缺点吸引了视线，甚至容易把他们归入“坏”孩子的行列，却忘记关注他们身上体现出来的那种和缺点搏斗的成长力，这正是积极性格的核心所在。

在此，也许没有比匹诺曹这个儿童形象更能表现这一点的了。匹诺曹的故事，正是一个儿童的成长史。他比一个单纯的“好”孩子形象更有鼓励的作用。因为，在他身上我们看到的不是别的孩子让人羡慕的优点，这些别人的优点往往可望而不可即，甚至让我们产生羞愧；而是和我们相同的弱点，如意志力薄弱、自制力差、任性、懒惰。

我们也可能和匹诺曹一样在学好的路上，一次次屈服于诱惑，又一次次发誓要做个好孩子。那么，在一个孩子成长的过程中，大人是否看到了孩子这一次次想要战胜自己的决心和一次次与缺点搏斗的努力——不管这决心是不是三分钟热度，这努力是否微不足道，还是只看结果——他看起来和从前一样差，没有任何改变。

匹诺曹来到这个世界上，他的性格就是这样的：

我最讨厌上学。最好天天扑蝴蝶、爬树、掏鸟窝，我觉得才有意思。

世界上所有的行当中，只有一个行当真正适合我——吃、喝、睡觉、玩儿，从早逛到晚。

很显然，他比那些天生喜欢学习，自律、勤奋刻苦的孩子要付出多得多的努力才能成为一个那样的孩子。可是，这种多得多的努力却往往容易被忽视、低估，甚至成为他再一次没有成功改掉缺点的阻碍。因为它往往是发生在心理层面上的初期努力，无论是心中的决心还是坚持都比较薄弱，并不能在行为上形成根本性的改观。

对一个讨厌上学本性更爱玩耍的孩子来说，他生出“我要每天去学校上学读书，争口气”的决心，就已经很珍贵了。我们容易绊倒的地方，容易沮丧的地方在这里——我们容易乐观地把一个孩子初期萌生的决心、意志，当成已经完成了成长的果实。而事实上，它只是一个随时都可能在风雨中掉落的嫩芽。

当匹诺曹抱着爸爸卖掉外套买来的识字课本去上学时，他心里想的是：

我来上学，今天就要学会认字，明天就要学会写字，后天就要学会算术。然后，凭着我的聪明劲儿，我肯定能挣大把大把的钱。一挣到钱，我要马上给爸爸买一件漂亮的布上衣。布的？不，我要买件金丝银线织的，钻石做的纽扣。

这样的心理经验也许很多孩子都有过，有过这样一步三跳的成功想象，有过这样的孝心，有过这样的短暂干劲儿。但很快，未经磨炼的意志就像匹诺曹一样败给了现实的诱惑。

在上学的路上，只是因为听到了一阵吹笛子的声音，匹诺曹的心就活动了。他内心挣扎着，去上学呢还是去听吹笛子呢。最后他说服了自己，先听吹笛子，反正以后有的是时间去上学。这一幕心理的挣扎和屈服是不是很熟悉——该学习了……先打会儿游戏……明天再多学一会儿好了；今天睡懒觉，明天开始每天早上早起床，背单词，读课文。

心理学家曾对此有研究，提出了一个概念，“虚假希望综合征”。言简意赅地说，我们在虚假希望中，可以不用付出任何努力，就能体验到让人兴奋的希望。心理学家告诉我们这是一个意志力陷阱，它并没有让我们在生活中有真正的改变，而只不过是让我们的感觉好一点儿。

事实上，更可怕的是，在屈服的路上一旦迈出了第一步，再加上虚假希望预支给我们的虚假明天，我们会在屈服的路上走得更远，不知不觉意志力就完全崩溃了。

匹诺曹——一个意志力还很薄弱的孩子，当他做出了：先去听吹笛子明天再去上学的决定时，他在失去自我控制的路上就开始越走越远了。他不但不去上学，而且已经完全被传来笛子声的木偶表演吸引了。他一心要看木偶戏，什么都顾不得了。失去了意志，也往往会失去理智。他为了换一张木偶戏票，把爸爸给他买的识字课本卖了。

假如我们只用刻板的标准和观念去看匹诺曹，我们可能会说这是个多么忘恩负义、不值得他人关心的孩子。他刚来到这个世界上，就给他爸爸惹了那么大麻烦。现在竟然干出这样的事，可怜的爸爸为了让他上学，这么冷的天只穿着一件衬衣，他却把这么珍贵的课本卖了，就为了逃学去看木偶戏，简直无可救药！

但是如果从心理的层面上看，却能看到两点可贵的东西：一个是向上的心愿；一个是为了向上生长做出的努力。不管这种努力多么微小，和强大的诱惑比起来又是多么不堪一击。哪怕只是在内心发生的瞬间的挣扎，要去上学还是去听吹笛子？都是“积极”的萌芽。

说它是积极性格的萌芽是因为，从意识上，它已经认识到什么是正确的；从性格的态度特征上，它遵从正确的方向；在意志力上，它虽然薄弱，却因为有正确的认知和正确的态度，推动它像向日葵向着太阳一样，总会挣扎着回到正确的道路上来。

第三节　善良：一种持续的修正力

是什么让匹诺曹在调皮捣蛋、逃学偷懒之余，总会意识到自己的错误，一次次感到悔恨？是什么总是坚持不懈地告诉他，哪条路才是人生的正确方向？换而言之，我们性格中天生的修正力，包含了什么样的品质，它又是如何起作用的？

匹诺曹在生活中吃了苦头，撞的鼻青脸肿是一个方面。对此，我们有时不得不遗憾地承认，它的确在驯服我们的顽性上，比语言更有用。但还有一个很重要的方面，匹诺曹很善良，就像汤姆也很善良一样。

正因为他很善良，善良像一束光源照亮了他人，他才能看到他的爸爸是多么可敬可怜。他最初的心愿——我要好好读书，挣很多很多的钱，让我可怜的爸爸过上好生活，正是起源于这种善良带来的意识。

而匹诺曹薄弱的意志力，在经受了木偶剧团历险的初步锤炼之后，第二次面对来自猫和狐狸的诱惑，诱惑他去傻瓜城时，明显变得坚定了，因为他的拒绝是斩钉截铁的。他的善良不再只是一种无所作为的感情，而是对他的意志力起到了初步的深化作用。他之所以第一次对诱惑有了一点儿抵抗力，是因为他知道爸爸在等他回家，他不回家爸爸得多着急。

可以说，善良强化了他的意志力，这也是面对不良诱惑时，与之挣扎和搏斗的力量因子。善良在一定程度上塑造了他的需求——他的善良让他观察到调皮捣蛋的行为带给爸爸和仙女的悲伤与失望——他的善良让他萌生爱，期望带给他爱的人们幸福，这是很珍贵的成长动机。

> 心理学家马斯洛指出，当一个人感到饥饿时，他不但在肠胃功能方面有所变化，而且在许多方面，或许甚至在他所具有的大部分功能方面都有所变化。他的感知改变了，他的记忆改变了，他的情绪改变了，他思想活动的内容改变了。

当善良这种性格创造出造福他人的需求，就像饥饿感对食物的需求改变人的很多方面一样，带给他人幸福的这种需求，也会在很多方面改变我们，修正我们的行为。因为渴望让自己的爸爸幸福，让仙女满意，匹诺曹才能从天性的贪玩懒惰中跳出来看，认识到好好读书做个好孩子才是最好的道路。他思想活动的内容才没有完全沉没在玩乐之中，总有一种意识围绕着“努力做个好孩子”的愿望。

善良改善态度：我们可以想象，如果一个孩子是善良的，这份善良让他有能力注意到小动物也是会痛苦的，那他对待小动物会是什么样的态度？他会成为一个虐待小动物的人吗？有一点需要注意的是，善良不只能改善我们对特定的人或事的态度，从这一个点出发，还能改变我们对很多事物的态度。

比如，一个像匹诺曹一样的孩子，他很善良，他注意到父母的痛苦，他乐意为此做出努力来让父母过得更幸福。那么，为了达成这个目标需要很多条件，这些条件包括他必须重新审视和修正他对待自己的态度、对待学习的态度、对待劳动的态度。

他本来懒懒散散没觉得有什么不好，但他现在正视这个缺点，他曾经觉得读书是件苦差事，劳动是不可忍受的，就像匹诺曹一度宁可厚着脸皮要饭也不肯干活，但是他的善良生出爱的需求，改变了他对一切需要吃苦的事的抗拒态度。

善良改善意志：假如没有善良赋予匹诺曹的目标，匹诺曹又怎么能自觉地调节自己的行为呢？意志所包含的自觉性、果断性、坚韧性和自制性，在一个匹诺曹这样的孩子身上是多么欠缺。

在一次次屈服于诱惑之后，有的孩子也许就此在自我放弃的道路上越走越远，直至意志破碎到再也无法积聚重整，再也无法支配自己。而有的孩子却恰好相反，在一次次屈服之后，不是懈怠了放弃了，而是从中锻炼了意志。他的自觉性、果断性、坚韧性、自制性，在他天性的许可范围内都有了相当的提升。

善良是其中一种起作用的积极因素。为了让自己爱的人不失望伤心，这种愿望会给他力量，在屈服之后再爬起来，进行新一轮的意志搏斗。而不是完全放弃了意志，把自己交给弱点支配。

善良改善情绪：在匹诺曹故事的开头，匹诺曹是个情绪化、任性的小孩。对待好言相劝的蟋蟀，一言不中听，匹诺曹就抡起锤子把蟋蟀砸了。在后面的故事中，我们也可以看到，只要他本能的欲望一受挫，他不是号啕大哭，就是发怒吵闹。

这样的情绪状态告诉我们，他缺乏忍耐无聊的能力、忍耐吃苦的能力、忍耐欲望受挫的能力。在一个情绪化、任性的小孩身上，经常可以看到两极化情绪的表现。要么欣喜若狂，要么烦恼不快。如果不讨论情感强度，只探讨他的情绪化和任性，我们可以清楚地看到，在这种两极化的情绪之中，中间的部分是缺失的。

造成这种状况的因素之一，是他可能只对他的欲望做出反应。只有满足和不满足，开心和不开心 4 种状态。善良，却是一种满足他人意愿的品质。在努力给予的过程中，吃苦的能力和忍受挫折的能力都会深化。这会让一个人情绪上的控制能力加深，情绪更加深沉，更不容易受到外在的影响而波动。

善良改善理智：在匹诺曹故事的结尾，匹诺曹变成了一个真正的孩子。他说当我是个木偶的时候，我看起来多么滑稽可笑啊！意思是说当自己是个木偶，顶着一颗木头脑袋，只知道调皮捣蛋，冥顽不灵的样子是多可笑！

那么，是什么让一颗木头脑袋变得灵慧，能从完全的欲望本能中跳出来，审视欲望中可能包含的错误呢？那个和他一道变成小驴子的他的好朋友小灯芯，为什么就没有匹诺曹这样改过自新的机会，那么悲惨地累死了呢？

小灯芯可以说和匹诺曹形成了鲜明的对比。他是匹诺曹本能的化身，只想着玩，一点儿都不喜欢学校和学习，没有任何纠正自己、对抗弱点的能力；而匹诺曹本来和他是一样的，不然也不会是最要好的朋友。但是匹诺曹很善良，善良是一种能看到和兼顾他人的能力，这种能力促使他思考自己的行为是否正确，正确的生活是什么。也可以说，这是和外部世界的有效连接，让一个孩子能从完全本能欲望的主宰中走出来。

第四节 慷慨：不自私的回报

在我们教育孩子的时候，我们可能会说，要是你撒谎就会和匹诺曹一样长出一个长鼻子。长鼻子的匹诺曹，在很多人心中就是撒谎的代表。匹诺曹这个故事，简化一下，就是一个坏孩子变成好孩子的故事。

我们可能会更多关注匹诺曹有哪些缺点，因为这些缺点吃了哪些苦头，以此教训孩子不要和匹诺曹犯同样的错误。但是，匹诺曹有哪些优点呢？这些优点又在他变好的过程中，起到了什么样的作用？他的优点是怎样平衡甚至制约和改造了他的缺点？

一个孩子如果和匹诺曹一样，我们是不是只要让他吃足够的苦头就行？让他得到足够的教训就行？但是这些苦头是如我们所愿，变成了教训，还是有可能相反，从此让一个孩子丧失了信心，不小心成了创伤性挫折？

心理学家认为，有必要从理论上假定个体内存在某种积极生成或自我实现的倾向。

以匹诺曹为例，他既有一个普通的“坏”孩子所具有的典型缺点：自制力差、贪玩、懒惰、任性、不肯吃苦，但同时他也具有耀眼的优点，他心地善良、充满感情、慷慨热情、富有勇气。

他并不是在一路吃了苦头、得了教训就变好了的。这看起来纯粹是由外在因素决定的。更准确地说，其实是匹诺曹在吃苦头的过程中，他的优点一面越来越取代了他的缺点对他的支配。

从前他是有心无力，他有爱爸爸和仙女的感情，却没有爱的能力；他有好好读书的决心，却没有把决心贯彻到底的能力。他的优点，在他整个的生活中处于一个弱势的位置。他很慷慨，在第一天去上学的路上，就幻想着挣很多很多钱，挣了钱不是为了给自己花，而是想让爸爸幸福，过上好日子。但是当他还是一个意志力薄弱的孩子，他的慷慨就像他的爱一样，几乎没有用武之地。但是，虽然不能给他爱的人和想要施以慷慨的对象带来任何实际用处，却对他自身的成长有好处。

匹诺曹的慷慨给他带来的不只是好运的回报，更是对由他的缺点造成的困境的终结。在某种意义上，也就是对他优点的一次次肯定和鼓励，对他缺点的一次次否定和削弱。在这个过程中，他原本弱势的优点逐渐开始产生越来越重要的影响。而从前不可抗拒的缺点，则相应地失去强大的支配力。

如果在木偶剧团的老板要用花衣小丑代替匹诺曹当木柴烧时，匹诺曹不是那么又勇敢又慷慨地站出来说："烧了我吧，我不能让我的好朋友替我死！"而这番话幸运地感动了老板，悲剧成了喜剧。那么，匹诺曹的缺点造成的悲剧——不好好上学，逃学去看木偶戏，害死了一个无辜的小木偶，就很可能变成一个永久的挫折，让他什么时候想起来都会自责。

匹诺曹吃的苦头，有很大一部分是由他自己的性格缺点造成的，是他的天性冲动和环境产生的矛盾，而他的慷慨则改善了他和环境的关系。因为和同学打架，他被一只狗追得四处奔逃，却仍然在这只狗快要淹死的时候慷慨地救了它。有了这次慷慨之举，才有了后来狗对匹诺曹的搭救报恩。

而事实上，产生矛盾的还不只在他的冲动和环境之间；还在他的优点和缺点之间；在他想好好学习、让爸爸幸福的心愿和他贪玩的天性之间；在他的慷慨和无力给予之间；在他的决心和屈服之间。

这种矛盾、这种斗争之间产生的动力结果就是，那些来自意志力薄弱、容易屈服于诱惑的、懒惰的需求、贪玩的需求，都不断地遭到弱化和淘汰，在去旧的基础上，新的需求越来越得到强化。

但同时，有一个现象也许值得思考，那就是有一些强烈需求，一再满足它只会让它变得更加欲壑难填。可以想见，如果匹诺曹在玩儿国一直玩下去，而没有遭遇变成小驴子的悲剧，他也许连最后一点想当好孩子的愿望都丢到爪哇国了。正是这些需求得到满足，又在不良欲望不断受到挫折之后，让匹诺曹在挫折中不断产生出越来越强烈的、由优点支配的欲望，释放与消解了他的懒惰和贪玩对他的绝对支配。

匹诺曹的慷慨摆脱掉了缺点的束缚，让他一点一点变得强大和有支配力，他从一开始只有一颗慷慨之心，到为了救花衣小丑挺身而出、不计前嫌救下大狗，再到最后，他不仅非常慷慨地拿出了自己辛苦干活攒下的 40 个铜子儿给仙女治病（这 40 个铜子儿本来是想给自己买件新衣服的）。而且，他更加努力地干活，想挣更多的钱帮助仙女。他的慷慨从无力到只有能力付出自己和需要努力就可以做到的事，再到他终于克服了懒惰贪玩，让慷慨的天性可以按照自己的心愿实现，慷慨这一品性已经在他身上有了极大的发展。

从表面上看，似乎在很多紧要关头都是一些偶然事件发挥了作用，但实际上，慷慨无私这种性格，像一扇逃生的门洞，它依然是向外的，是和外界有关联性的，是和自私的欲望有对比作用的。想要满足它，就要淘汰以自我为中心。

第五节　勇气：自发的力量

如果我们的需求存在强弱之分，一个满足了，我们可能才会强烈地意识到另一个的存在；我们的性格特点也同样有强弱之分，有些性格特点更明显，对我们的行为更有支配力，而别人对我们的认知，也更可能是通过这种有支配力的性格特点。所以我们才会着重以某一个性格特质来概括一个孩子全部的性格。比如，我们说一个孩子是个懒孩子、贪玩的孩子。而这种时候，我们可能忘掉了这不是他性格的全部。

意识不到孩子的其他性格，不代表其他的性格就不存在，或不起作用。这些在我们的视线中被边缘化的性格特点，却很可能像一台大机器内部的小零件，对整台机器的运转起到不起眼却弥足珍贵的调整作用。

我们特别注意到一个孩子很懒惰、不喜欢吃苦，往往是因为他的性格跟生存对我们的要求不符。想要好好地生存下去，这要求我们要勤劳、有吃苦的能力。而缺乏这一能力，就如同蟋蟀对匹诺曹的警告，像他这样懒惰贪玩，最后是不会有好下场的。

我们可能不仅满足于这样简单的认知：这个孩子懒惰贪玩。更可怕的是，我们会仅仅把他当作一个懒惰贪玩的孩子来对待。如果我们注意到他很善良、很慷慨，我们会惋惜地说，孩子心还是好的，就是太懒太贪玩了。重点仍然落在缺点上，更不用说注意到他那些几乎不发挥作用的边缘优势。

这些边缘优势，有时就像家具上一个不起眼的铆钉，有它的时候，几乎谁都不会注意，没有了它，一件完美的家具却可能立刻变成了废品。谁也不会说汤姆·索亚、匹诺曹是勇敢的孩子，因为勇敢这项品质在他们身上并不突出。汤姆在要不要搭救无辜的波特时，内心经过了极度挣扎，而且在良心的责备下，终于鼓起勇气指正了真正的凶手之后，汤姆一度吓坏了，晚上连门都不敢出。匹诺曹在遇到危险的时候，也经常吓得哇哇大哭。

勇敢、勇气，在他们身上更像是一瞬间的灵光乍现，而不足以成为一项有明显特征和支配力的性格品质。所以，其也往往是一项容易被忽视的存在。就像在生活中，我们也可能同样不太注意孩子身上不明显和无用的性格，以为那都是可以忽略不计的。

我们可能更注重一个孩子是不是有毅力把他的决心付诸行动，只有当决心富有成效才是有意义的；而不太关心他未见成效的三分钟热度。虽然这三分钟热度，可能孕育着一颗缓慢成长的毅力的种子。

这种短暂的、灵光乍现的勇气也一样，似乎在孩子更加明显、更加有支配力的缺点面前不值一提。但鼓起勇气却可能是一个孩子漫长心理斗争并取得胜利的结果。在外人看来，他只是上课的时候突然一改常态，主动举起手回答问题。这个动作是无比简单，几乎让人意识不到其中还有什么不同寻常的价值。

但对这个害羞的孩子来说，在举起手之前他的内心已经经过了漫长的煎熬。他想象着教师看着他，同学们的眼睛也齐刷刷地看着他。教室里一片安静，只等着他一个人的声音响起。他仿佛听到了自己怯懦的声音在发抖，两腿在丢人的打颤。他的心脏在咚咚乱跳，在他举起手之前，他内心的害羞和想要克服它的勇气已经交战了数个回合。

当他终于鼓起了勇气，把自己的手举起来，把自己从人群中亮出来，也许对别人来说，这不过是个平凡孩子最普通不过的举动；对那些天性大方的孩子来说，更是平常简单。但对这个孩子来说，这样的勇气是内心搏斗的结果，勇气的胜出表明了一次有效的心理锻炼。

因为这只是一次锻炼，就如同身体的锻炼，一两次是看不出效果的，但是却有累计的作用。如果我们不注意到这一点，就有可能忽略它的长期累计的作用，而仅仅把它当成无足轻重的偶然表现。一次次的心理锻炼，恰好如同长期坚持健身，会改变人的身体素质和曲线一样，它也会改变我们的心理素质和外在表现，尽管这种锻炼并不起眼。

每一次鼓起勇气发起的挑战，不仅是试图克服自己的胆怯，还是自主性和自我支配能力的一次热身。这不是内心发生了冲突，不知道该怎么办，而是知道该怎么办，并自己逼迫自己、自己推动自己，向着自己认为对的方向努力。其中可以看到自发性在经过心理搏斗胜出的勇气中，包含着自己的目标和自发的克服。

也许，他大体看起来还是一个容易害羞并紧张的孩子；还是一个懒惰贪玩的孩子，他偶尔迸发出的勇气，甚至引不起别人的注意。同时，这种勇气也似乎没有从整体上给他的性格或者表现带来明显的进步。但是，他每次发生在内心中的勇气之争，却可能是对他整个心理素质的一次次增强。

他面对了让自己感到胆怯的东西，面对了自己的胆怯本身，并一次次努力想要克服它。他的自主性增强了，自我支配的能力也增强了，在努力的过程中自信也在加强。而这一切，有时更像是在打下一个成长的地基，他也许一直未能改掉他的缺点，但他却拥有了厚实的成长基础，不经意地在他的成长中发挥着作用。

第六节 自然成长的性格

在我们教育孩子时，最难把握的问题之一就是什么事情是应该管的，什么行为已经属于干涉的范畴。这一点总是让人心生疑惑，难道眼睁睁地看着他出错却不指点？看到了他的缺点却不指出来？这样还如何谈得上对孩子的培养？性格的培养指的又是什么呢？

有一个常见的误区是这样的：假如说孩子是一块需要耕耘的田地，我们会把他的缺点当作地里的杂草，这些杂草除了影响庄稼的生长毫无用处，必须被拔掉。但事实上，孩子和他缺点的关系却不是像庄稼和杂草那样既是分离的又是对立的。孩子和他缺点是一个完整人格的整体。它们不但结合在一起，而且与其说是对立的，不如说是相互依赖、相互作用的。

心理学家指出，同样的一种欲望行为，对有的人来说，他行为中真正的欲望是为了确立自信，而另一些人却可能是为了寻求爱、安全感等。那么，也许可以这样说，通过他表面的欲望行为，有时可以追踪和揭示他内在深层的心理构成与性格构成。一个孩子表现出来的缺点，比如贪玩，我们也许不能像拔掉杂草那么简单地对待它，因为在贪玩的背后是有可能存在着一个充满分支的性格和心理网络的。

在贪玩的正面分支上，可能存在着好奇、活力、探索精神等；

在它的负面分支上，他贪玩可能表明的是他自制力差、不喜欢吃苦、浮躁、缺乏耐受力。假如我们在孩子的性格培养上，采用的是简单粗暴的方式，那就是发现一个缺点就试图用对立的方式把它一下子掐灭，我们就很可能冒着打击他整个性格表现的危险。

我们努力矫治他贪玩的毛病，强硬地摁下了他贪玩的欲望，他不贪玩了，至少不敢表现出来，但同时受到抑制的还有他的好奇、活力和探索兴趣。对这个孩子来说，更让他失去活力的是，我们可能无意中搬走了他的保护壳。贪玩，或者是他更深层的缺点——缺乏自制力、怕吃苦的一种压力分流方式。在他没有做好心理准备的时候，贸然逼他直面这种深层缺点带来的压力，起到的效果也许不是把他逼上正道，而是抑制了他的自然调节和自然成长。

好的性格培养，不应该是对一部分性格的完全排斥和对另一部分性格的完全挖掘、过度发挥，而应该是不浪费各种性格特质中的精华和作用，并创造出条件许可的最佳结合和相互作用的状态。

> 排斥相当一部分的内在……这样做也使他损失了很多，因为这些深层次内容也是他所有的快乐、游戏能力、爱的能力、笑的能力以及对我们来说是最重要的创造能力的源泉。

这并不意味着对孩子放任自流，对他的性格不加引导和培养。而是提醒我们，在必须使用简单强硬的方式时，也需要仔细观察和评估，至少不要提前抱着“必须怎样”的固执。

对待某些性格特点，尤其是被归入缺点一类的，是迅速地把它拔掉，还是在引导的过程中允许这些缺点在某种范围内慢慢地释放它，这可能要看这种性格的影响是否严重，过于强硬地矫治是否适得其反。重要的是意识到这个问题：不是所有的缺点都是没有一点儿用处的，可以当作垃圾处理掉。

如果可以，某些缺点允许它以慢慢释放的形式存在，恰似一种对性格品质的蒸馏和提纯。这样不会浪费掉其中有价值的东西；同时因为它不是以压抑的方式，而是以释放的方式，能从根本上杜绝它的积聚和反弹。

这并不难理解。根据心理学研究理论，一个强势需求满足了，原本处于弱势的需求就开始变得强烈。缺点的过滤和需求的更新都是在性格释放的过程中自然发生的。

缺点的过滤，以贪玩为例，强烈的玩的需求在满足、释放，甚至是付出代价遭遇挫折的过程中，对贪玩中包含的性格特质和心理特质都发生了什么影响？比如，贪玩中可能包含的浮躁、怕吃苦，在需求改变的情况下，是否会有所削弱？

当一个孩子被贪玩强烈支配的时候，是不是和玩相对的其他的事务——学习、劳动，都相应的让孩子不可忍耐，也就是说它“苦”的部分来自另一个强烈欲望的牵引。而在贪玩被满足、释放或遭遇挫折之后，新的、更上进的欲望产生了。那么伴随这种新的欲望产生的可能还有全新的情绪和全新的心理感受。

贪玩中包含的负面情绪和感受、浮躁、怕吃苦，并不是被强行压了下去，而是在新的变得强烈的上进欲望下，不再有针对玩之外的事务有强烈的排斥，它是一种自然地削弱和消失。从前没有耐心的事情现在有耐心了，觉得苦的事情突然有需求了。

> 仁慈、慷慨、无私、宽宏大量、沉着冷静、愉快满意以及其他诸如此类的品质，这些品质似乎是一般需要满足的间接后果，即不断改善的心理生活状况的间接后果。

孩子不是在教导和克制下管理自己的情绪。他从紧张不安、心情恶劣，到沉着平静、内心平和，是因为在自然地释放和受挫中，过滤掉了伴随冲动而来的激动的情绪。他缺点的改进不是靠着外力的约束，而是内在发生的自然改良。

第七章

孩子常见性格的再认知

第一节　孩子喜欢欺负别人：一种有意的伤害

孩子们之间经常发生欺负他人和被他人欺负的事情，不管我们愿不愿意面对。欺负，有时发生得很隐秘，说不定就发生在家长的眼皮底下。家长通常难以发觉，就是发觉了，也可能觉得微不足道，但这对孩子来说却是一件感到恐惧的事。

有位女士回想起了自己童年的一次经历，那时她才 3 岁。有一天，她和一个同龄的小朋友在家里玩耍，后来来了一对姐妹花，年龄和她们不相上下，也许略大一点点。姐妹俩穿着漂亮连衣裙，乖巧可爱，她的妈妈也直夸她们有礼貌懂事。但是在妈妈转身出屋忙着干活以后，两个姐姐突然用威胁的口气对在她家玩的另一个小朋友说，把你的黄瓜给我们吃，快点儿！那个小朋友从自己家里带来了一根美味的黄瓜，此时正抓在手里。因为害怕，小朋友不知所措地、迟疑地把手中的黄瓜慢慢递向姐妹俩。她的第一反应是挺身而出，虽然她也害怕，但她还是壮着胆子，大声说为什么要把黄瓜给你们吃？这不是你们的！

她到现在都记得，两个姐姐脸上狡猾的表情。当时她们都还是三四岁的孩子，4 个孩子脸对脸站在屋子一角，大人还高兴地以为她们在一起玩得挺好。殊不知欺负和被欺负正在上演。那种威胁的气氛，给她留下难以磨灭的印象。姐姐把目光转向她的时候，仍然充满威胁，但口气甜蜜，明显虚假。具体说了什么，她不记得了，大意是我们当你一伙的，你也不要多管闲事。她后来回忆起这件事，觉得简直难以置信，一个三四岁的孩子已经把人的心理吃得这么透，居然对两个对手本能地采取了分化政策。

大人容易倾向于认为，小孩是天真的，什么都不懂的。但是儿童的性情也是大人性情的雏形。儿童之间发生的争斗、吵闹，并不都是因为天真无邪不懂事，它可能带有恶意初期的原貌，只有身处其中的孩子才能充分领会。欺负本身就带有一种故意，这是一种有意识的损害。

我们从动物身上可以观察得更清楚，虽然这不是说动物和人一样。

有的宠物狗似乎表现出了对自己身份的优越感，当它看到一只流浪狗从身边经过，会突然就像“炸”了一样，激动得不能自制。一边狂吠，一边拼命想冲上去。它的声音和它的表情都毫不掩饰地表达了想把对方踩到泥里、撕成碎片的冲动。

马斯洛在研究动物食物偏好时，曾提到一点，“与人类相比较，动物对冲动的‘刺激－反应’的可调节性则不那么明显”。这一点也许可以给我们启发。在宠物狗对流浪狗发泄优越感的时候，我们看到了简单的刺激——一个可欺负的对象的出现和完全没有中间环节的最直接的反应——欺负可欺负者。

所谓的可以调节这种直接反应，甚至改变这种直接反应的中间环节是指理智、高尚、同情心、爱，它们会将见到比自己弱小者的欺负冲动、发泄优越感的冲动减弱，甚至完全改变了性质，由鄙视变为关心，由掠取变为援助。

在喜欢欺负人的孩子身上，事实上缺失的可能正是这样一些需要加以关注，并协助他发展的更细致、更复杂的中间环节。他的行为要么是追求优越感，要么是发泄他感受到的优越感。他表现出的是最简单的“刺激－反应”形式。如果情况颠倒，他遇到了一个比他在条件上优越得多的人，他的屈服、畏缩也同样可能以极端的方式表现出来。

对“刺激－反应”缺乏调节的能力，就像一个人有钱了就立马花光，花光了再可怜兮兮地节衣缩食，这就是缺乏筹划的能力。今天欺负别人气势汹汹，明天被更厉害的人修理又变成懦弱，似乎完全不知道给自己的内心储备一点儿真正的勇气。那么追根究底，如果他不是在追求优越感，不是在有意识地寻找可以欺负的对象，而只是在感到力量上的优越时，肆无忌惮地展示和发泄他的优越感，他喜欢和享受的就未见得是欺负本身，而是更倾向于喜欢和享受“刺激－反应”之间最直接的模式。因为无须多想，也意味着不必约束自己、克制自己。因为最简单，所以最痛快。

第二节　孩子懒惰：一种失效的个人支配能力

懒惰似乎是一无是处的性格，同时还背负着道德上的责备。一个人在很多事情上无能，也许都能找出情有可原之处。唯有懒惰，不能让别人理解和原谅，谁让你那么懒呢？这种看法的前提是，一个孩子懒惰还是勤快，是他自己自主选择的结果。但是真的如此吗？真的每个人都能自主决定自己是懒惰还是勤快吗？尤其是对性格懒惰的人来说。

对于一个人懒到极致的描述，莫过于这样一个故事。一个孩子从小就很懒，有一天他的母亲要出门，因为知道他很懒，怕他饿死，就烙了几张大饼挂在他脖子上。这样他饿了随时可以有饭吃。但谁知等他母亲回家的时候，发现他还是被饿死了。再仔细一看，大饼并没有吃完，因为这个孩子只是把挂在他身前的饼啃完了，但是脖子后面的饼，他懒得转过来，就这样被饿死了。

可以说这真的是懒到极致了。听了这个故事，没有人会同情故事中的孩子。他只能作为一个反面教材，让别的孩子引以为戒。因为看起来他不可原谅的地方有两个，一个是懒惰；一个是懒得太过分了，抬抬手都不肯，宁可饿死。这不是自找的吗？但是反过来想，如果一个孩子连抬抬手把脖子上的饼转过来这么简单的一个动作都做不到，甚至连饥饿这样强烈的本能都驱动不了他，这说明了什么？

如果我们把懒惰看作一种失效的个人支配能力，看作在某种程度上是不受个人控制的行为，是一个人不能自主选择的，那么这种切换过来的眼光告诉了我们什么？在责备孩子懒惰的同时，是否也应该关注他的懒惰是不是一种需要帮助的信号？

这种帮助不是烙几张大饼挂在他脖子上，不是事无巨细，帮他把一切都打点好，是从心理上协助他站起来，培养更强的行动能力。懒惰那么让人反感和不同情，是因为我们从外表看到了他有行动的条件，他有健全的身体、敏捷的思维，他是个具有行动能力的人，但他却就是懒得劳动。

但是他在心理上如何，他在心理上是否也如他外表看起来一样有着健全的行动能力？假如我们看到一个缺乏活动能力的人，我们可能会毫不犹豫地帮助他。而一个人的内心状况是怎样的，很少会有人想到。他的内心是不是也处在一种瘫痪或者行动困难的状态？我们只看到他有健全的四肢就认定他有完全的行动力。殊不知外在的行动力，也要靠内在的行动力推动。

一个懒惰的孩子，一般而言，在他的内心中，要么是在意愿上就处于不乐意的状态，比如，不乐意干活，不乐意学习，对需要吃苦的事有种天然的抵制；要么是在意愿上是想做的，但是却缺乏支配自己的行动力。他很想从床上爬起来，但就是爬不起来。

对于我们喜欢玩乐、不喜欢吃苦的倾向，尤其是儿童，不喜欢读书，喜欢玩乐，不喜欢干活，喜欢舒适，也许从某种程度上说，只是一种天性的自然表现。有的学者在著述中，也指出了这一点，并认为有的懒人得福的故事之所以存在并流传至今，并不是为了鼓励懒惰，而是要让人承认人大都有懒惰心理，这种承认让不得不辛苦劳作的人心生安慰。也许，更让本来就深受懒惰之苦的人，摆脱了过于自愧的重压。

而另一种情况则显得很矛盾，也更容易让人误会。一个孩子一边特别渴望自己能早点儿起床，一边贪恋被窝的温暖；一边信誓旦旦地驱策自己好好读书，一边很快就对枯燥的练习题心生厌烦。我们可能会说，你还是没能真心想，你要真想早点儿起床，真想好好读书，你就不会这样。可是孩子觉得委屈，我真的想啊，可我又真的做不到。孩子怎么能说清呢?

在“真的想”和“能做到”之间，也许存在着漫长的距离。想，是他的意志在想，但是他的意志支配不动他的行动，更没有改变他的感受。我们有时把懒惰看作一种定论的、不需要太多关注的性格——只是由态度决定的、可以轻易改变的性格特质。但打开懒惰看一看，我们可能会看到一种内部的失衡：切换能力缓慢艰难；处理事务缓慢艰难。

造成这种情况的原因之一是过度沉溺于某一种感受。过度沉溺于感受——过度沉溺在喜欢的、舒适的感受中，也意味着感受上的强烈对比和排斥会更加敏感地认知到舒适感受圈之外的不适，也更加害怕和排斥变动。

懒惰表现出对某一种状态的持续固守和依赖，这导致切换能力变得缓慢艰难；同时，对某一种感受的沉溺，比如，懒散享受会创造出一种心理感受上的对比，显得需要付出努力的事无法忍受。说到底，过度的感受也许会降低行动力。有的人，在别人分配给他的工作上，工作得很努力，但是回到家，可以由自己说了算的时候，却无比懒惰。这是因为在外力的推动下，他无暇多想，当他有了选择余地，他就放任自己沉溺在舒适的感受中。

所以，与其责备孩子懒惰，不如帮助他摆脱对舒适感的过度依赖，在“想”和“行动”之间减少思考的时间。

第三节　孩子自由散漫：自我纪律上的松弛

自由散漫是一种不太引人注目的性格特质，尤其当一个孩子混在一堆孩子里面，他表现得既不特别好，也不特别坏时，他会让人误以为他毫无过人之处，他天资平平。殊不知，是由于他自由散漫的个性给人造成了这样的印象。

自由散漫的特点之一，是缺乏积极性。他既没有好好表现做个模范生的积极性和动力；也没有捣蛋或者攻击的强烈冲动。但是他的缺乏积极性，又不同于无精打采，一般意义上的被动。如果一定要界定，自由散漫没有负面的意味，它更接近于一种心灵上的自然状态。

好处是，这种放空的状态有益于不加成见地吸收外在的信息，也不会因为个人意志的鲜明主导造成某种执念。坏的一面也很清楚，一个自由散漫的孩子，通常会表现出在纪律、自律上的松弛。这是自由散漫的另一个特点：低要求，低控制。

他的低要求既表现在对外部环境上，也同时是对自己要求的松弛。他通常很少表现出控制欲，他不乐意对自己加以控制，对他人更加懒得控制。他在性情上是随和的，在做事情上可能也是千方百计逃脱责任的。

一个孩子性格自由散漫，让人在一瞬间会有种感觉，以为他很好说服和支配，但事实不一定是这样的。虽然自由散漫的个性，理论上应该是更柔软、更容易留下别人思想印记的性格。但有的孩子，这种自由散漫的性格反而让他天然地对他人试图对他的改变、说服、控制很敏感，甚至反感。

这会产生悖论的现象，孩子一方面自由散漫；一方面又可能有种不易受影响的坚定。仔细分析他缺乏积极性的性格特点就会发现，他不是对所有的人、所有的事缺乏积极性。事实上，不能因为他有自由散漫的性格就把他归类为不积极的人。恰恰相反，他很可能不但有积极性，而且是经久耐久的积极性，这要看其他的性格特点。但是仅仅是自由散漫这一条，说明也许只是他在配合上缺乏积极性。

当其他的小伙伴们都在热火朝天地参与同一件事情时，他可能会想这和我有什么关系？那么这是不是说明这是一个冷漠的孩子，对他人漠不关心的孩子。从表面上看，也许很容易得出这个结论。他的自由散漫有时让他表现出低参与的特点。他和其他孩子的情绪不能同频。

比如，别的孩子因为参与某件事情而兴致勃勃，他却冷静而无动于衷。

但他并不总是这样，假如换了一件他感兴趣的事，或者从内心真正愿意接受的事，他也许就会表现出毫不逊色的兴致和积极性。所以，重点是他的自由感有没有感到被胁迫。他可能不能脱离自己真实的想法和感受，仅仅因为有人要求他这样做或者周围的孩子都这样做，他就一定也这样做。他或许会按照环境的要求做，但积极性却不高。

他不一定是个不积极的孩子，他只是对于那些为了参与而参与，或只对参与本身感兴趣的配合缺乏兴趣，特别是这种配合违背他的意愿的时候。

自由散漫的性格，会给人留下不积极的印象，因为它具有低要求、低控制的特点。对一个孩子来说，对孩子所处的环境要求来说，他可能显得不太重视纪律，缺乏自律性，上课容易走神，作业经常应付。他在生活上也同样可能漫不经心，能将就就将就，管理自己仿佛对他是件很难的事。

这给人感觉他是一个对自己要求很低的孩子。但这并不代表他缺乏自尊心。微妙的是，他恰恰可能自我感觉良好。存在一种可能，他知道自我的优势所在，或者自我感觉良好，所以他才不急于、不忘我地配合外在的标准要求。这有些类似于高自尊的心理，根据对高自尊的研究，高自尊的人总是倾向于找到自己的优势所在，这使得他们的自我感觉得以庇护，不至于在自己失败和缺陷面前彻底沦陷。

换而言之，他的自由散漫，对满足外在的标准缺乏一定的热情和积极性，也许恰恰在于，按照外在标准对他的评价，尤其是不高的评价，并不能影响他对自己的感觉。这使得他首先在动机上就少了一项动力去积极地配合外在的要求，也许这也是造成他对自己低要求的因素之一。

对这种性格的孩子来说，可能怎么样都行。作业写得干净漂亮一些，还是涂改得不像样子，考试成绩好一些，还是排名靠后一些，对他可能会有正常的情绪波动，但似乎不大能从本质上影响他的自我感觉。他的低要求，在他人眼里，就会变成他的高耐受性。他对自己的不足、失败有着和低要求相配的高接受度。

从心理健康的角度，其未见得不是一种心理弹性。但从长期的个人发展来看，低要求必然也容易导致低控制，对个人的自控力也许是个考验和需要提升的地方。就如同动机不强导致的自我低要求一样。一个孩子对自己的要求本来就很随意，也就意味着在面对诱惑和需要自我控制的时候，找不到理由，找不到支持来加强对自我的控制。

缺乏动机、随意而连锁的反应自然是比较散漫的状态。而这种散漫的状态，不小心就会陷入意志缺乏——三分钟热度、半途而废、随时被情绪支配、做事不严谨。

第四节　孩子任性：一种情绪膨胀的表现

任性似乎很少被当成是天生的一种性格，如果我们听说某个孩子很任性，通常说的人还要交代一下前因后果：他被惯坏了，特别任性。那么，听的人虽然不认识这个孩子，也能大概想象出这个孩子被惯到什么程度，又任性到什么程度。他一定是要怎样就必须怎样，满足不了他的要求，他就会不依不饶，又哭又闹。

在我们心中，任性的体现形式总是会和情绪的强度联系在一起。任性的孩子不管是用语言还是用行为，往往体现出自我色彩很浓厚的两点：我非要和我就不。我非要这个玩具不可，你不给我买，我就一直哭一直闹；我就不穿那条裙子，你说它好看、舒服，穿着上学更合适，都不行，我就是不听。

他就像用粉笔画了一个圆圈，他自己站在正中心，放大自己的同时，还放大了他的选择意志，同步放大了他的情绪。像这样的执拗、坚持，对选择的不可替代，仅仅靠着欲望本身是很难实现的。它必然有情绪的参与。在他说我要这个玩具的时候，他和一个不那么任性的孩子相比，他表达的其实是双重要求的满足。包括要这个玩具本身的满足和他伴随要求产生的情绪膨胀的满足。之所以不任性的孩子比较容易在大人的说服下放弃一个玩具，并且在放弃之后，情绪相对更平静，就是因为他只是想要一个玩具，他在情绪上没有需求，所以也没有因为大人的拒绝而受挫。

而任性的孩子，有时让人觉得不可理喻的是，他在某些要求上的执拗、听不进去意见、不通情达理到了不可理解的地步。他似乎堵住了耳朵，不要听外界任何妨碍他纵性的理由建议。而只是一味地对外界发出他的呼声：我要这样，我要那样。要让他明白那些最简单的道理：他已经有很多同类的玩具了，所以这个玩具不能买；这双鞋子其实很漂亮，有这样那样的优点，可以试着穿一次，有时是很难的。有时连最简单的沟通都无法进行，因为他处在强烈的情绪中，只会要求“我就要”或拒绝“我不要”。

这会让当父母的抓狂，不知道该怎么办才好。打不得，骂不得，说又不听。彼时，我们的目光可能只会集中在事情本身。那就是这个任性的孩子对这个玩具执着得不可理解。我们会以为他只是想要这个玩具。但对这个孩子来说，事情不一定这么简单。他可能不能容忍自己的意志遭到拒绝和挫败。他要求的不只是一个玩具，还要求他人对他的服从。

他的要求得不到满足，在旁观者看来他只是因为没有得到一个玩具，就暴怒、大哭、纠缠个没完，但对他来说，更严重的可能是他受挫的骄傲。假如一个孩子的任性确确实实是被惯出来的，我们可以设想一下这个场景。他提的任何要求都被尽量满足，那么，在他的心里感受上，除了具体的要求被满足带来的得意，时间长了会不会形成一种自我心理暗示，认为自己很厉害、很了不起、很受宠爱、很被重视。这存在过度抬高自尊的风险。

也就是说，当孩子对于别人对他要求的满足已经习以为常，那么，每一次的拒绝都有可能不再是单纯的对某件事的拒绝，而是对他自尊的冒犯，对他骄傲的伤害。他的哭闹纠缠难以沟通，也许并不仅仅在于他被拒绝的事情本身，更在于他要挽回他的自尊，维护他的骄傲。

他的任性更倾向于维护他已经形成的对自我的感受。在过度的满足、缺乏必要的约束中，他不仅享受到意志的满足、外在的宠溺纵容重叠在他的自我感受上，他会不恰当地骄傲起来，而过于重视自己。他可以容忍得不到想要的玩具，但他却不能容忍对他骄傲的挑战。他强烈的情绪恰好和他的骄傲成正比。因为他是骄傲的，所以一个微小的拒绝，一个很容易理解的要求在别的孩子都能平静接受时，他却可能表现出激烈的态度。他对一件小事都情绪强烈，或怒不可遏，或大哭大闹。强烈的情绪和事情的微不足道往往对比鲜明。我们可能笼统地称为任性，却很少认识到，情绪发作的背后可能是被过度抬高的自我。

他可能会骄傲到不能接受拒绝，不能接受不合心意的要求，外在的任何一点儿违拗，都可能被视为激怒和挫伤。而任性的另一个特点，执拗的要求和坚持通常以纠缠的方式表现出来，让人觉得烦恼。因为这往往是情绪的表达，而非理性的表达，所以无法通过理性的沟通解决。我们也仅仅关注他在事物上的诉求，比如，他一定要买这个玩具，他是因为得不到这个玩具在闹，而我们很难读到情绪表达背后的情绪诉求。

他的非理性坚持，他的纠缠，他哭闹起来没完没了，也许还有另一层深意，他不能容忍他膨胀的自尊和骄傲受到挫伤。而弥补受伤的骄傲，最直接的方式就是在对峙中取胜，本质上是继续保持让别人服从的状态。所以，一个孩子任性地坚持要一个玩具，他也许不只是想得到这个玩具，他还想保持他从经验中得来、培养，并习惯了的优越状态。

第五节　孩子玻璃心：一种无意的自私

有一次，一个妈妈说她的孩子就像长了倒戗刺，简直说不得碰不得。一个无心的玩笑，随口问一句写完作业了吗？都可能引得孩子脸色一沉，摔下筷子就走人。结果是她都不敢随便开口说话了。当然这是个青春期的孩子。但是青春期的孩子是从儿童成长过来的，他儿童时期就存在这一不明显的性格特质，在进入青春期后，在尝试着敢于和家长叫板之后，可能突然就变得明显了。

有时孩子过于敏感，玻璃心的程度到了旁观者一头雾水、瞠目结舌的地步。一个女孩因为妈妈少许质疑了一下她在假期白天是不是没有学习就大爆发。在半夜尖声大叫，把家长简单的督促上升到了这样的高度："你说我没学习，你不尊重我！你侮辱我！"

在这里可以还原一下玻璃心路径：你过问我的学习，你质疑我的学习，从中能推导出的核心性质，就是你是在侮辱我，不尊重我。我们可以先不去讨论她的妈妈是否语气欠妥，是否存在态度上的问题，我们只讨论玻璃心的特征——思维上，它能将一件简单的事情，复杂化和深化成一种伤害；感情上，真的脆弱得像玻璃一样，轻轻一碰就碎，一句重话都受不了。

就像童话故事里著名的豌豆公主，在垫了 20 床鸭绒褥子的床上睡了一夜，居然还是被褥子下面的一粒豌豆折磨得没有睡好。一件正常范围内的小事，被放大了它的影响力，那么，放大它的一般正是情绪的娇弱。情绪娇弱到了一粒豌豆都能被注意到，都能对人产生伤害的地步。而与情绪上的娇弱相对应的往往是另一种自私冷漠的情绪。

这种自私冷漠，和一般意义上的自私冷漠还是有区别的。比如，这个孩子不是不爱父母，也不是不关心父母，但他是以自己的视角、自己的想象、自己的方式在爱着、关心着父母。意思是，他对父母的爱是缺乏互动的，是缺乏领会的。也就是“我只想这样对你好”，但“你是个什么样的状态、什么样的心情，你需要什么，你需要我做什么”，都不在他观察和考虑范围之内。

这和有意的自私，和一个孩子有意在饭桌上把鸡腿抢先夹到自己碗里的自私是不同的。他的自私是无意的，他的爱的表达方式是从自己出发，同样，他情绪的不抗击打也是因为他只从自己出发。与其说他自私，也许更确切地说他是倾向于活在自己的世界中，虽有着正常的社交，却从内心与世隔绝。

这是和社交无关的能力。他的玻璃心，有时表现出的是对事物、对他人理解能力的薄弱，他不能站在除他之外的角度看待问题。如果他能理解父母对他学习的过问是一种负责和关心，父母的态度和方式方法虽然不恰当，让他觉得受到伤害，但他们毕竟是没有恶意的。那他的感受可能就不会这么糟糕。这一切的理解都是一种有益的情绪分流、削弱，不至于产生相对于问题来说过于极端的感受。

而缺乏关联他人的能力，缺乏从自我之外的视角理解问题的能力，可能和他是一个只对自己感兴趣的孩子有关。

用心理学家的话说，“只对自己感兴趣的被宠坏的孩子，很可能把对别人缺乏兴趣的态度带到学校”。也就是说，正是因为对别人缺乏兴趣，所以才注意不到，也不关心别人的感受，通常表现得很冷漠。而也正是因为只对自己感兴趣，所以才会只关心自己的感受，从而可能把每一个微小的不适都放大到不可忍受的程度，敏感又脆弱。

这样的结果有时无异于把自己局限在狭小的空间里面，这也是他何以显得如此不豁达的原因。他虽然没有在地理空间上独自一人生活在荒无人烟的所在，但他显然在心理上近乎与世隔绝。他的世界里只有他自己的想法、他自己的感受，别人在想些什么，自己之外的世界有怎样的规则和运行方式，他可能没有兴趣了解。知道雨点只砸到我们身上和知道雨点砸到所有的人身上，给我们的感受是不一样的。

当一个孩子只关心自己的感受，只对自己感兴趣，看起来他的自私行为是在为自己谋利的；但同时他对自己的封锁行为，也使他只能从他自身容易厌倦的欲望、波动的情绪、靠不住的内心获取力量。不同的是，感恩、爱、同情心，这一切将关注投给他人的行为恰恰包含着理解和力量。他不但是从自己，而且是从责任、奉献、关心中壮大了获取力量和意义的来源。

在一个孩子对自己痛苦生活的描述中，我们看到了不理解他的爸爸、无能的妈妈、嘲笑他玻璃心的姐姐，他的痛苦似乎都是这些亲人造成的。他描述了每个人是怎样错误地对待他的痛苦的。但是反过来，在他的描述中他一次也没有提到他想了解一下，他爸爸为什么说“我也很累”。他妈妈为什么疲倦到一言不发，他姐姐在这种让人不快的家庭氛围中有没有也觉得难过。也许他痛苦得无法自拔，但是如果他能看到他人的痛苦，站在他人的角度来看待亲人的不当对待也就不会让他的痛苦加重。

分一部分注意力给自己之外的世界，落在自己头上的雨点也许就没有那么重了。

第六节　孩子固执：源自看不见的内心恐惧

在日常生活中，我们有时按照自己接受的常规思维和刻板认知行事不免会产生很多误会。对孩子行为和性格的某些误会是其中之一，比如，对孩子固执的认知。一个固执的孩子，给人的表面印象就是没有理由的顽固。你跟他说天气预报今天要降温，让他多带一件衣服，但他顽固地摇着头；你跟他说出去玩可以，但是要记得给家长打电话，告诉家长去了哪里，这总不是个过分的要求吧？但他还是顽固地摇着头。

在没有走进他的内心之前，这个顽固的孩子只让人觉得泄气。因为顽固本身带有强硬的气质，所以当一个孩子表现得很顽固，就像一块很不好啃的骨头时，他的强硬根本不会惹起别人的同情心，让人想到去了解一下他顽固、强硬的背后是否有脆弱的诉求。

在《格林童话》里面，有一个篇幅很短的故事，讲的是一个非常固执的女孩，她从不肯听父母的话，最后不顾父母的警告，执拗地去到可怕的特鲁得太太家里，去瞧瞧传说中奇怪的特鲁得太太家到底有什么稀奇，结果被变成了一根烧火的木柴。

这个女孩被当成不听话孩子的反面教材，我们从表面看这个故事，似乎没有什么好挖掘的。但其实它告诉了我们事件运行的某种规律：一个固执的孩子，必然比能听进去意见的孩子更容易吃亏。老话说的好，听人劝，吃饱饭。但是她为什么这么固执，故事没有交代，固执似乎就是她天生的一个缺点，并没有任何的来龙去脉。

我们在生活中是不是也倾向于认为一个孩子的固执是一种天生的缺点？我们太容易被固执表现出的强硬迷惑住了——这个孩子真犟，也太有主意了。但是如果我们再仔细地观察和分析，也许会发现他的强硬不是真正外扩性的强硬，不是真正的强硬，他的强硬是像蜗牛壳一样，是防御性的、向内的、自保的。

所谓外扩性的强硬，顾名思义，是在对外扩展自我的过程中，是和外在融会的过程中表现出来的推进的强硬。而防御性的强硬，恰恰相反，往往是为了防止自我和外在的融会，而表现出的防守的强硬。前者，正是因为自身强大，需要扩充空间；而后者，就如同坚硬的蜗牛壳包裹的其实是一个柔软的肉体一样，强硬也许恰恰是因为内在的脆弱。

防御性的强硬会造成两个对应的点，一个是接收信息的有限性；一个是对于已经接收信息的不肯改变的顽固性。因为这种防御性的强硬，使得每一个新的信息想要穿透防御的铜墙铁壁进来、被接收，都很困难。同时，那些已经被接收的信息又被顽固地防守，以防止它遭到破坏。一个顽固的孩子，相较那些内心状态更自然的孩子，他和外界的关系重点往往已经不是交流，而是守住他内心需要依赖的东西不被外在搅扰。

在别人看来可能只是再平常不过的一个建议、一次说明、一个问题的探讨，比如，建议这个孩子多带一件衣服，以防降温，但是对这个孩子来讲，这可能不是一个平常的建议，这是试图攻破他的防御、扰乱他固守的行为方式的进攻。这也许是他顽固的坚持不肯听解释的原因之一。

他可能有任性的一面，有时，一个孩子的顽固程度是他对某些事情的强硬坚持，事实上反映的可能是他对某种内心状态的依赖程度。他有多强硬就恰恰反映了他有多依赖。而依赖又反映出脆弱，或更确切地说缺乏勇气。

我们或者会问，他在怕什么吗？他未见得是怕生活中的新事物、新改变，他害怕的也许是自己的改变。顽固背后的脆弱状态，不一定是我们想象的那种脆弱，倒更像是由内心的被动怠惰引起、不堪自我改变的脆弱。它必须紧紧把持着什么，才能刀枪不入、不受伤害。任何进入他的堡垒，瓦解他固有方式的新内容都意味着他要扔掉他能从中感到力量的思想行为模式，要独立面对变化和随着变化而来的对不可知的恐惧感。

顽固的人类似心理学家提到的囤积性格者。在心理学家对囤积性格者的描述中，可以总结出几个特点：控制，对秩序的要求，不论是事物、思维还是情感上，他的严格要求都达到了贫瘠僵硬的程度，这体现了他控制的需要；顽固；节省；防御性；拒绝密切的关系；公平。它们的相似之处在于都体现了和外在交流互动上的紧缩限制。

一个固执的孩子，通过限制和拒绝外在要求变化的信息进入，从而实现拒绝改变的目的。也许在责备他太过固执的时候，我们应该换个角度来思考，他为什么这么固执？在他固执的地方，他紧紧抓住的是什么？他最固执之处，也许也是他最脆弱之处，是他当下最赖以支撑之处。

有效的解决方式不一定是直接对着固执下手。逐渐建立信心和巩固解决问题的能力，也许是对固执的根治。

第八章

听话的孩子和不听话的孩子

第一节　说孩子是否听话的潜在意思

听话，说明这个孩子通情达理、好沟通，更重要的是他不仅走弯路的概率更小，更减少了给父母找麻烦的概率，这一点很重要，因为它直接决定了父母的工作量、成效，甚至父母的心情和生活质量。

用简洁的语言把道理讲给孩子听，并且孩子听进去了，照做了，还有比这更省事、更舒心的养育吗？要理解孩子的性格，就要了解作为性格评判方的父母是基于什么样的角度来评判孩子的，尤其是在谈到孩子是听话的还是不听话时。因为这种互动通常只限制在父母与子女之间，父母作为直接利益人，往往意识不到自己除了希望孩子听取有益的指导，还从个人的角度出发，期望孩子不要给自己找麻烦。

那么，一个孩子是否麻烦，就可能成为父母对孩子的一个评价和期待角度。听话的孩子和不听话的孩子，翻译过来，也完全可以分类为省心的孩子和麻烦的孩子。这是提醒当父母的，在自己因为孩子不听话、孩子固执任性而发火的时候，好好反省、扪心自问，有多少是因为孩子听不进去意见生气，有多少是因为孩子不肯好好省事的合作，让父母觉得这是额外在给自己找麻烦而生气。

如果我们接受孩子在成长的过程中的麻烦是不可避免的，那么孩子的成长冲动和他自己天赋的个性是有可能冲破我们认为正确的限制的。而在他的跨越中，成长的不只是他自己，也带动了我们观念和认知的更新与成长；他不听话带给我们的麻烦，是正常的，甚至是必要的和有益的，或者这能改变我们交流的态度。他未见得会变得更听话，但是很可能他会变得更爱说话，也更有耐心听你说话，或者和你交流。交流的质量得到了提高，它不再是单向的灌输，而是对父母与子女双方都有促进的。

在评判一个孩子是听话还是不听话时，除了这个孩子本身在这方面究竟是怎么样的，经常还包括了我们对和孩子相处状态的一种期待。我们期待孩子听话，不仅是期待他听取我们的教育和建议，还期待相处上的平滑状态，也就是没有冲突的、不让我们烦恼的、顺顺当当的相处状态。能给予我们这种状态的孩子让我们感到舒服。

相反，让我们感到不舒服、麻烦的相处，是因为孩子不听话引起的，是一种带来挑战的状态。这样的挑战，不排除真的是纯粹的麻烦，但也许是有益处的挑战，只是我们当时难以发觉。

不管挑战是因为这个孩子性格中的固执任性、有个性、太有自己的主意，或任何其他性格特质，需要我们离开舒服的状态，不得不更细致地剖析他性格背后的心理因素，付出更多的耐心和智慧引导他成长；还是这种挑战来自我们自身，在和孩子的冲突中，我们逐渐发现孩子不听话不完全是孩子的错，还因为我们有限的认知限制了孩子生命力的正当生长空间。也许对自己的认知是更痛苦的挑战，这比单纯指责孩子不听话要痛苦得多。

事实上，孩子听话还是不听话，要根据孩子具体的性格和原因分析。同时，听话有听话的好处和坏处，不听话有不听话的好处和坏处。但站在父母评判孩子的角度，认清自己为什么对孩子听不听话这么在意，孩子听话还是不听话，对自己到底意味着什么，有助于更客观地对待孩子在这方面的性格。

第二节　听话的孩子拥有的性格特质

如果我们仔细观察就会发现，同样是听话的孩子，但具体也分几种不同的类型。有的孩子听话是因为缺乏主见，有的是为了符合社会期待，有的是具有较强的理解能力。这些因素有时又是互相交叉混杂的。比如，听话而缺乏主见的孩子，有的缺乏理解能力，有的就具备理解能力。既没有主见又缺乏理解能力的孩子在听话的同时，显得对交流缺乏相应的回应；而有的孩子，尽管没有自己的见解，但是在别人讲解的时候，能表现出相应的领悟和思考。这是不同的。

缺乏主见：为什么一个孩子缺乏主见，就更容易听话呢？从性格的 4 个特征上分析可以比较明晰地看出。

一是态度特征。态度是指向一个对象的，而缺乏主见本身意味着缺乏一个态度对象。也就是说，没有态度可言可以理解为随波逐流，随遇而安；二是意志特征。既然没有一个对象，也就缺乏为这个对象坚持和使用意志的动机，意志没有用武之地了；三是情绪特征。没有认定的对象、没有意志的坚持和反对，也就很难有情绪上的冲突，扫清了接受建议时可能有的情绪对抗；四是理智特征。如果既缺乏主见，又缺乏辨识能力，对他人的意见自然难以提出质疑和补充，他人的意见也就可以畅通无阻地接受。

这种孩子可能对父母造成的挑战比较少，因为他既不会因为

“坚持”迫使父母反思，也不会因为“坚持”带来的情绪冲动迫使父母正视。他缺乏主见，因此也很难提出有说服力的观点迫使父母跳出局限。这一切不利于父母提高自己和孩子的相处质量。

想要说服他比较容易，但父母就很难有检视自己教育观点的机会。对其他面对更有挑战性亲子关系的父母来说，想要有效沟通就不得不建立自己的威信，以求被认可；努力改变自己权威的态度，以求孩子不轻易反感；学着更有亲和力，以求情感上的接近。反过来，父母对自己的这些改善有利于父母给孩子提出更好的建议。

符合社会期待： 和逆反的孩子不同，有一类孩子不但自觉听话，而且积极地模仿和寻求最正确的行为方式与思想观点。他在很多事情上看上去似乎缺乏鲜明的个性和独有的想法，一味地按照外在的要求和标准行事。但和仅仅因为缺乏主见而听话的孩子不同的是，他不但有听话的动机，而且可能是强烈的动机——符合社会期待。

> 个体要为他人、公众与社会所接受，其行为表现必须符合社会对他的角色的期待。

那么，被接受、符合社会期待、符合外在标准，就成为他主要和主动的动机。他的其他想法可能随时改变，但在“符合社会期待”这一点上他表现出坚定和不易更改的主见。

给这样的孩子讲道理，不仅不会遇到阻抗，反之，还会让人觉得如同水入旱田般被深入地接受。因为，想要被接受，符合社会期待，首先就需要从他人那里，尤其是具有权威的父母那里，了解“被接受”的社会期待是什么，包括怎样的言行举止是可行的、被接受的。而按照自己的角色，也首先要了解社会期待是期待自己怎样扮演自己的角色。自己要学习、具备或表现出哪些能力和性格，才能做到符合社会期待。

而这些让他具备了一种心理上的需求和主动性。他需要父母的指导和教育。当别的孩子因为父母的教育是从社会期待出发，而感觉约束了自己玩乐天性的时候，相反，却正好契合了这类孩子追求“符合社会期待”的动机，使他能主动积极地听取父母的意见，学习和配合着。

有主见与理解能力：在听话的孩子中，还能看到一种颇有主见却不固执的孩子。他和有主见却十分固执的孩子不同，他的主见有更多理性的成分，而这种理性来自对周围事物的洞察、思考和理解，通常是各种因素权衡之后的结果。这使得主见并不能成为一块绊脚石，让他听不进去别人的意见。

在心理学上有一个对“社会知觉”的定义：社会知觉包括复杂的认知过程，既有对人的外部特征和人格特征的知觉，又有对人际关系的知觉以及对行为原因的推理、判断与解释。

在这类孩子身上，常常会体现出明显的社会知觉能力。也可以说是与自身之外的事物广阔的联网能力。他不会因为父母不准他玩游戏，限定他必须每天背多少个单词而生气。这可能违背了他想玩的心愿，但是他是认可这个要求的，虽然也未见得就有这种自制力能达到父母的要求。

他的知觉能力使得他不仅知觉到个人的心愿，还能对父母为什么提出这个要求、这个要求的意义、达到这个要求会怎样、达不到这个要求又会怎样有一系列的推理、判断和解释。他知觉自己不是独立的存在，而是多米诺骨牌中的一块。他的主见也不是完全以自我为中心建立的，而是要考虑到他人的感受、他人的利益和可能出现的结果。可以说，他的理性不是空穴来风。知觉到这个网络的存在能让他敞开心扉，倾听他人的建议。

第三节　不听话的孩子拥有的性格特质

虽然我们可能喜欢把不听话的孩子归为一类，但不听话的孩子却可能在不听话这一点上表现出鲜明的个性差异。一个冲动的孩子，他不听话是因为性格急躁，没有耐心去听取和吸收父母的意见，或者说他的冲动比理性更强地支配了他。而逆反的孩子，往往对父母的意见抱有明确而有意识的抗拒。以自我为中心的孩子，则完全被自我占据，对自我主张之外的意见充耳不闻。有个性的孩子，则是试图冲破限制他成长的行为陈规和观点局限。

冲动：首先，在我们想责备一个孩子不听话之前，应该认识到一件事，那就是对每个人来说，冲动水平是不一样的。这就意味着对有些孩子来说，听话比适应环境、表现良好要容易得多。而在同样的要求下，对另一些孩子来说，却可能要付出加倍的努力，才只能达到减少批评的程度。虽然，外表上看他们都一样健康和聪明。

对一个有强烈的玩的冲动的孩子来说，他不只是在一个瞬间突然就扔下功课，抵挡不住玩耍的诱惑跑出去玩了。在冲动的背后，我们看到了情绪的强度和需求的强度，看到了他心理构成上的不同。当我们认为他自制力差，而那些能耐住枯燥、一直守在书桌边的孩子是听话的、有毅力的，我们可能没有公平地评估一个条件，那就是我们假定玩耍对所有的孩子来说都具有同等的诱惑，但事实上它对孩子的诱惑程度并不一样。

所以对一个冲动水平较高的孩子来说，他比别的孩子更容易冲动，他总是容易被超过他自身控制能力的强烈情绪，或者某种强烈的需求支配。他不听话，也许不是他不想听话，而是他身不由己，自己不能支配自己。

逆反、挫折与攻击：在面对同样的唠叨和约束时，有的孩子会有强烈的逆反心理，有的则不会。

逆反心理是指个体用相反的态度与行为来对外界的劝导做出反应的现象。逆反心理是一种心理抗拒反应。

在不听话的孩子中常有这样的逆反心理、逆反行为。你越让他学习，他越不学；你越让他多吃点儿青菜，他越把青菜从眼前推开；你越让他走路慢点儿，他越跑得飞快。他不但是不听父母的建议，而且是和父母的建议对着干。这一点也许到了青春期会变得更加明显。

他表现出了对别人意见或行为的有意识的反感、抵制、破坏。这和单纯是因为固执、任性、自我，不听父母意见的行为是不同的。在这其中有强烈的抗拒意识和抗拒情绪，甚至可能事情本身如何已经不重要，他是否更不喜欢吃青菜，更想撒腿快跑，这些已经不重要，重要的是他要发泄对“指导”的情绪和对做出指导这种行为的人的情绪。这种发泄有时带有攻击性的意味。

此时，我们可能需要关注的是他的不听话、攻击性和挫折的关系。他为什么反应这么大，除了指导者自身可能存在的问题，比如态度，或者是触碰了不该触碰的话题，还有很重要的一点是指导的方式或内容，是否正好触发了他的挫折感。并不是所有的挫折都可见，有些只是个人隐秘的感受。当孩子在某些方面感觉软弱无力、自卑恐惧，那么所有触及他挫折感的意见，哪怕无比正确都有可能遭到他强烈的反对。

自我中心：以自我为中心的孩子，因为一切以自我为中心，所以容易放大他自己的需求，相应地在社会知觉上就变得不敏感。这带给他的弊端是，考虑问题难以综合各种必需的因素，而总是着重在“我想要怎样”上。

“明天我想上游乐园。”“妈妈明天有事，改天好吗？”“我明天就想上游乐园。”“可是，妈妈明天事情很重要，妈妈答应你，等妈妈有时间一定马上带你去好吗？”“我明天要上游乐园。”

在这栏一方以自我为中心的谈话中，交流总是容易停在原点。因为你说什么，他都好像不理解。他缺乏对他人的知觉，对他人感受的知觉、利益的知觉，甚至缺乏对行为后果的知觉。这样他从动机和需求上，都不需要别人的意见。既然不需要，就不会认真听。

在他和外在的互动模式上有个鲜明的特点，那就是他只表达“我”的想法和需求，而不需要知道外在的想法和需求。他要求的是外在适应他的需求，而不是他通过接收和理解外在的信息，调整自己的需求以适应恰当的条件。

他的不听话，事实上是一种对外在的要求，要求外在反过来听他的话，适应他的要求。

有个性：历史上不乏小时候不听话，长大了却很出色的明星人物。这些人物，没有按照父母给他们规划出的安全的成长路线、体面的生活方式去成长，而是遵循自己的兴趣爱好、性格要求，走出了一条真正属于自己的个性之路。

观察不听话的孩子，有时会发现他不听话和他对父母建议的态度无关，和抵抗的情绪无关，和缺乏意志力无关，和他的理智无关。在他的“不听话”中，没有对“听话”的有意拒绝。事实上，不听话的不是他，而是他自身的生长节奏、生长需求、生长目标，在要求适合自身的生长方式。而父母给他规划出的生活范围和目标，相形之下显得既不合适又太过狭小陈旧。

他显得不听话，不是真的不听话，它本质上表现的是一种不匹配状态。就好像不能把一棵大树种在花盆里，当他个性的东西要求成长，父母的规划指导又限制了他成长的时候，对他而言，他不是有意地拒绝父母的教导，不听父母的话，而是个性成长的自动需要。像树枝越过墙头一样，自然而然地越过了限制，寻求个性的伸展。

第四节　孩子听话与否背后的心理因素

我们也许需要注意，在孩子听话还是不听话的行为背后都有深刻的心理因素。看起来，这只是一个简单的行为——听话还是不听话，但这个看似简单的行为，却包含着他“原有态度与信念的特性、人格因素、个体的心理倾向”等多方面的因素。

听话孩子的几种心理因素：

亲和动机：在听话的孩子中，也许特别注重追求“符合社会期待”的孩子，会有相对更强的亲和需要和亲和动机。

亲和的作用之一：个体通过与他人建立联系，满足某些社会性需要，比如，交往与尊重的需要、爱的需要。

他听话，是因为他想要符合社会期待。而他想符合社会期待，是因为符合社会期待就会给他带来认可、尊重和爱。为什么他比别的孩子更在意和需要这些呢？因为认可、尊重和爱，也就是说被接受是人际关系中强力的亲和剂，是自我和外在最亲密融合的表现。强力地融入这个体系，接受它的标准和准则，成为它的一部分，这是他心理上的亲和需要，这也是为什么他注重符合社会期待的原因。

对他来说，听话是对于外在的信息保持高度注意和积极学习，这本身也是自我和外在努力亲和的表现。

从众心理：有的孩子听话是出于从众心理。他如果好好地动用自己的智慧，未见得是一个没主见的孩子。但是他却可能出于恐惧，不肯动用自己的智慧，心甘情愿地跟着别人的指挥棒走。

产生从众行为的原因：寻求行为参照；对偏离的恐惧；群体凝聚力。

在这种孩子身上，这些因素都可以看到。他在听话的过程中，既可以通过指导、教育、交谈，找到和他人一致的参照标准；又出于对群体偏离的恐惧，本身就有聆听建议的需求。这种需求让他在听话这件事上，有主动性和接受的心理基础。同时，群体认同感对他是有吸引力的。也许，他并不在意听到的话对不对，和事实实际上是怎样，又应该怎样比起来，他更在意的是怎样才能和别人一样。

这看起来似乎和“符合社会期待”的亲和动机有些相似，但在抱负水平上是有很大差异的。出于从众心理而听话，只是为了追求和他人的一致；而后者的抱负水平要更高一些，他的亲和符合社会期待，是为了这一点能给自己带来更高的需求回报、更大的发挥空间。

配合意识：我们有时会发现，有些听话的孩子还同时具有善解人意、体谅他人的性格。正是这样的性格让他保持敏锐的知觉能力和知觉意识。他认真听他人说话，认真地把这些话听到心里，是源于对他人的有意识的关切。他有意识的关切他人想说什么，有什么样的感受和想法。

他这样做并不完全是为了自己，把自己完全放在一个从众或者学习模仿的位置上，而是他的善解人意、体谅、知觉能力使他有意识地去认知他人的想法、需要，并尽可能地理解和配合他人——通常是父母的要求、愿望、感受，但这并不意味着他没有主见。

在他表现出的听话中，更多的不是以自己的利益为出发点，而是以对父母和他人的知觉为出发点。这样的知觉包含的关切，既加深了情感能力又加深了认知能力，能让他在充分听取父母意见的同时，以平和的心态对待所有认同的和不认同的意见。

不听话孩子的几种心理因素：

防御动机：我们有时只是注意到孩子有多不听话，却很难意识到他不听话，不是因为他真的听不到或者听不懂我们在说什么。恰恰相反的是，他反抗得越激烈，越不听我们的话，越表明我们的话对他产生了影响，但很可能是不良的影响，这使他不得不以抗拒来实施对内心的防御。

但他在防御什么呢？

一是防止情绪扰乱。有时孩子不听话，是因为父母唠叨得太厉害了，他拒绝再听下去，是为了防卫不堪承受的、过量的重复信息对自己带来的扰乱。二是保护自我价值。父母有时出于亲情的直率，在教导孩子时，不注意保护孩子的自我价值。更重要的是，有时父母甚至不知道孩子的自我价值在哪里。

比如，强迫一个害羞的孩子大方起来，但孩子可能表现出明显的拒绝。他看起来很不听话，但实际上，听从了这个建议对他来说意味着承认自己是害羞的，是有一个不被接受的缺点的。这在他还不足够成熟、不足够强大到能主动面对的时候，只有死撑着不承认、拒绝，才能既保护自我价值，又逃避面对改变时的胆怯。

畏难情绪：我们要求孩子听话——通常是指出他的缺点或对他提出要求时，经常假设一个前提，就是只要他听进去了他就能做到。却忽略了一个事实是，他是不是有能力做到，他是不是感到害怕而无助。

如果我们不了解孩子可能存在的畏难情绪，而只是一遍一遍地给他讲，你应该加强自己的表达能力，应该学着把自己的想法，把遇到的问题完整、准确地表达出来。但那样我们和孩子的交流就会陷入沟通闭环，我们只能得出一个印象：这个孩子太顽固了，这么简单的道理都听不进去。

对孩子来说，事情却没有这么简单。听进去，不只是点一下头就可以了。这表示接下了一个挑战自己弱项的任务，而他对这项挑战有着隐蔽的畏难情绪。父母以为他不听自己的意见，是因为顽固、不听话，但事实上，他就好像怕水的孩子站在水边，父母怎么鼓励他、要求他，他都不肯下水一样。并不是因为不听话，而是因为感到害怕。

有主见与任性：因为有主见而不听话的孩子和因为任性而不听话的孩子，都表现出了一定程度地对约束的挣脱。但有主见的孩子，挣脱约束是因为“约束”在某些方面不适合甚至限制了他的成长。而任性的孩子痛恨约束是因为它限制了他的任性。

一个是成长的意志强过外在的影响，一个是冲动的意志强过外在的影响。

同样都是不听话，他们的表现方式却很可能有差异。任性的孩子因为冲动的意志更强，会有比较多情绪化的表达，表现出以自我为中心、难以沟通的特点，这往往是一种骄傲心理的发作。而有主见的孩子，因为他有自己的想法，比较不依赖外在的认可和建议，有时难免显得不是那么容易接受外在的意见。但这更多是出于内心某种程度的自信，而不是对外在影响的抗拒和无视。

第五节　好汉不吃眼前亏：表面听话，心里不听话

有一对兄妹，哥哥经常挨父母打，但妹妹很得宠，因为在父母的心目中，小女儿很听话。但她真的很听话吗？在父母看不见的时候，她干的“坏”事和哥哥一样多。但她和哥哥的差别是，哥哥不管怎么挨打都不改口、不认错。但她却有很强的认错策略，不用等父母真的撸起袖子，只需父母一瞪眼睛，她立刻就会说，我知道错了，下次再也不敢了。

当父母看到她一副认错的样子，态度立刻就软化了下来。于是一场风暴变成和颜悦色的批评加鼓励。在父母眼里，看到的是一个频频点头非常听话的孩子。但在她心里，她想的只是怎么快速地把这场谈话敷衍过去，敷衍过去之后，她就又可以爱怎么样就怎么样了。至于说父母讲的道理，她可以先放在心里，等着她跑出去玩过瘾了再说。她不是不听，只是现在不听。等着下一次，她还是犯着同样的错误，用同样出色的认错态度蒙混过关。

在这里，我们看到了一种权宜心理。

个体总是按社会规范和社会期待或他人意志，在外显行为方面表现得与他人一致，以获得奖励，避免惩罚。此时，行为受外因控制。依从是表面的、暂时的权宜之

计，是一种印象管理策略。

对这个孩子来说，首先她清楚地知道规范是什么，也就是知道什么是该做的，什么是不该做的。同时她还知道她怎么做才能符合在此种情形下（做了错事的情形）父母对她的期待。父母期待她认识到自己的错误，并保证从中吸取教训、做出努力，下一次再也不会犯同样的错误。她只要按照父母的期待，表现出真心的认错态度，并明确说出她错在哪里，她就能避免像哥哥那样挨打。所以她不仅不会受到惩罚，有时她听话配合的态度，还能得到父母的赞赏。

除了逃避惩罚，获得奖励，这种权宜之计，还有一个极大的用处，那就是它同时也是一种防御策略。它和社交焦虑者在谈话时，总是对他人的话点头称是，以此来逃避别人可能对他产生的质疑有异曲同工之妙。它也同样以表示顺从的方式，防止自己在谈话中过于暴露，而使得自己露出软肋，遭到质疑。一旦遭到质疑，她就很难再按照自己的想法行事了。

不管父母说什么都频频点头表示同意，同时心中又有着自己的小算盘，无比坚定。这大概是看起来最容易，实际上又是最难见到成效的沟通。因为在这种表面听话、心里不听话的策略背后，我们可能看到的完全不是表面上那个顺从的孩子，而很可能是一个有主意、任性、固执、拒绝改变又很难让父母真正触摸到的孩子。

触摸不到他真正的想法所在，是因为他出于权宜心理，给出了一副态度的假象。这种假象，让当父母的误以为自己的谈话已经奏效了，这样他们就会放松警惕，也不再因为孩子表现出不听话的样子，一而再再而三地抓住他不放，重复地给他讲道理。这就为他逃脱父母严密的说教和管束，任性妄为地干自己喜欢干的事赢得了相当的空间。

在这种心理支配下的孩子，大概是不好说服的一类孩子。一个孩子如果正大光明地表现出不听话的一面，表现出他的固执、任性、人小主意大，倒恰好表明了他心理松动的可能。因为他不听话的态度，着重点在坚持自己的主张上。而表面上听话，内心却有自己主意的孩子，他这种权宜的态度，着重点在化解对方的态度上。虽然这种曲线的方式，最终也是为了坚持自己的想法，似乎和前者没什么不同。但最大的区别是，前者还给父母施加影响力留有足够的空间，只要父母找到他真正的问题所在，并方法得宜。而后者，用这种隐藏自己真正想法的方式，让父母难以找到问题的症结所在，也就无从做到有的放矢，施加真正的影响。

两者的态度指向也不同，一个态度是坚持自我，一个态度是假装顺从。假装顺从比单纯地坚持自我，更多了一层有意识的成分。这就使得表面听话、内心不听话的孩子比单纯因为固执任性不听话的孩子更难说服。

已经内化了的态度作为接受者的价值观和态度体系的一部分不易转变。

已成为既定事实的态度，即接受者根据直接的经验形成的态度不易转变。

与个体的需要密切关联的态度不易转变。

一个固执任性的孩子，他不听话可能只是因为他所坚持的东西和他的需要密切相关。而一个表面顺从、内心不顺从的孩子，却可能 3 条不易转变的理由都占全了。它不仅和他的需要相关，它还有有意的意识的成分。权宜，作为一种处世的技巧或许已经成为他态度体系的一部分，这就成为真正有效沟通的一个障碍。而从过往权宜之计的成功经验中，他也尝到了甜头，也就更加形成了以权宜的方式行事的态度。这些都加固了他态度转变的难度。

这时，他有意识地捍卫的不仅是他的主张，他还捍卫着他自己不被别人说服——不让别人有机会说服自己。从某种程度上说，也许只有真正触摸到他的心之所在，才能和他有真正的沟通。

第六节　鸭子煮熟了嘴还硬：心里听话，表面不听话

和表面听话、心里不听话的孩子正好相反的，有这样一类孩子，他们属于鸭子煮熟了嘴还硬的类型。心里其实是听话的，但就是嘴硬，爱唱反调。这样的孩子自然很难讨巧，父母也许跟他谈过话就忘了，殊不知他一边顶嘴，一边把自己的话听进心里了，却只是留下一个他不听话的印象。

那他为什么要做出这样吃力不讨好的事情？既然心里对父母的意见，从一开始就是接受的，又为什么要表现出一副不同意的、反对的样子，自讨苦吃？

> 在面临转变态度的压力时，个体的逆反心理、心理惯性、保留面子等心理倾向会使其拒绝他人的说服，从而影响态度转变。人们通常利用一些自我防卫的策略来减少说服信息对自己的影响，比如，笼统拒绝、贬损来源、歪曲信息、论点辩驳等。

假如父母不说“天太冷了，再加件衣服”，孩子自己本来也能觉得太冷，想加件衣服。但听到父母这样说，莫名地就反感起来，就想对着干。这种逆反，表面上似乎和谈话的内容有关，是

在反对对方提出的建议，但真正反对的是被支配的感觉。父母是否有支配的意图是一回事，重要的是孩子拒绝被支配的不自由。他也可能过一会儿，自己再偷偷地把衣服加上，但在听到这个建议的时候，却一定要表示反对。

从行为上看，这简直莫名其妙、多此一举。自己也觉得冷，早晚加上件衣服，又何必和父母对着干，白白受批评？但在心理感受上，这个貌似无用的迂回又是有意义的。通过这种逆反反应，他最终加上衣服这种行为，给他的感觉是出于自己的决定，而不是在父母的指导下，不是一种受限制的服从行为。

有时，孩子表面上不听话、心里听话的行为，还反映出他的“接受”需要一个过程，不能一蹴而就。这给我们提出一个警醒，我们和孩子的冲突集中在他对我们的建议，不能立刻地理解、接受，并做出我们希望他做出的反应。因为我们习惯相信沟通的力量，而没有仔细去想，沟通有时就是一个基础的工作，一个打地基的工作，根本不能立竿见影。

我们和孩子的谈话只是播种前的松土。我们要给他的心理惯性留有过渡的时间和余地。他听到父母的意见表示反对，并不说明他真的反对，而只是表明了他此时没有做好准备接受的心理状态。比如，他自己也认为应该好好学习，但又没有下定摆脱坏习惯的决心，他在观点上是认同父母要他好好学习教诲的；但在心理惯性上，还残留着很多对坏习惯的依赖和留恋，这就让他在和父母的沟通中，心中明明是认可父母的，偏偏嘴上要表示反对。因为此时他还没有做好准备，也就是还没有能力履行父母的教导，所以他不能答应，只能表示反对。

只要给孩子时间，假以时日，让他按照自己的节奏和能力成长，慢慢完成心理惯性上的过渡，就有可能发现，父母撒在他心里、以为失效的种子，都在慢慢地成长和发生作用。

而孩子对父母意见的强烈反对，往往来自对自尊的维护、对面子的维护。有些问题，在他没有做好解决的准备时，是不能被提及的。恰好是他自己也认同的某项缺点、某种不当的行为被父母明确指出来，这可能才是最激怒他的。在这种时候，我们容易误解为他太倔强，对于如此明显的事实和简单的道理都不能理解。而真正的问题，却恰恰可能是父母说到他心坎儿里了，戳到了他的痛处。这才是他反应强烈的原因。

他不是因为不同意父母的意见才反对，而是因为他知道那是正确的才反对。如果他从心里就不认同父母的意见，尤其是对他批评的意见，他说不定还能表现得更平和一点儿。因为他知道那不是真的，他可能感到气恼，但不会感到羞辱。羞辱最伤人的部分，也许不是来自他人，而是来自自己的认同。

当他的问题没有被指出来的时候，他还可以选择忽视它，假装它不存在。一旦被指出，他就只能奋起反击。他反击的其实不是父母，而是来自自尊的羞辱感。他不大可能在此时听话，如果在此时就表示同意父母的意见，等于同意自尊的羞辱感是正确的。这会让他失去力量。

反过来，他虽然嘴上强烈反对，但这只是在给自己一个消化的时间，让他在没失去自我价值感的情况下，保持着改善的力量，慢慢面对他其实认同的问题。

如果父母不了解孩子这些心理特点，不但会在和孩子沟通时搞得双方关系很僵，而且容易误解孩子的性格，很快就会和孩子陷入鸡同鸭讲的境地。孩子表现出来的对父母意见的莫名拒绝、有敌意的贬损、故意的歪曲，都会让父母怒不可遏，甚至会让父母对孩子的性格做出不良评判——固执、不友好、难沟通。

但是，我们如果早点儿知道，他其实道理都是明白的，也是从心里接受的；知道他顶嘴，不听话，是一种表面的反应，事实上有分流压力、疏解情绪的作用；知道我们说的那些话已经听进了他心里，而且总会有起作用的时候，那么，我们可能就不会这么生气了。

第九章

识别孩子的性格假面具

第一节 乔装自己：戴上性格假面具

当我们付出精力关注孩子好性格的养成时，也要当心孩子是否在我们的过度关注和评判下，悄悄戴上了性格假面具。他知道什么是“好”的性格，受欢迎的性格，什么是“不好”的性格，不被接受的性格。拥有“好”的性格，改掉“不好”的性格，最便捷的途径，就是假装出自己没有的性格，同时隐藏自己真正的性格。

印象管理是指个体以一定的方式去影响他人对自己的印象，即个体进行自我形象的控制，并通过一定的方法去影响别人对自己的印象形成过程，使他人对自己的印象符合自我的期待。

从以上的定义中，我们可以看到，第一，孩子从对性格的评判中，听出了性格评判中包含的性格要求、性格标准和性格期待；第二，孩子通过印象管理，迎合这种性格期待，其意是换得一种符合自己期望的、他人对待自己的方式。

在我们谈到个体为了获得奖励、逃避惩罚，做出和社会期待、他人意志一致的行为时，我们或许容易将这种奖励和惩罚的范围窄化。对孩子来说，似乎奖励就是表扬，惩罚就是批评。但实际上，奖励和惩罚的意义还要宽泛得多。

奖励，还包括他人以一种让自己感到愉悦的、轻松的、满足自尊的日常方式对待自己；而惩罚则包括他人以一种让自己不快的、难以应付的日常方式对待自己。这意味着，这不是针对某件事情给出的独立的表扬或批评，它是常态化的、连续性的。具体到性格，人们按照对于性格的刻板印象，也很容易对不同的性格类型给出相应的刻板对待方式。

刻板印象具有社会适应的意义，能使人的社会知觉过程简化。

我们对于外向的孩子一般会有更多的夸赞、鼓励，甚至在他张嘴表达之前，就已经给予一种情绪暗示，表示我们期待和相信他的表现。这就使得在表达的起点，他遇到的外在的表达阻力就小。而如果我们认为一个孩子是内向的，他可能一句话还没有说完，我们就会善意地打断他说，别太害羞了。因为我们事先已经认定他是害羞的、不善于表达的。这无形中使他在表达时遇到更多阻力。他下次再想表达时，也许会需要更多的勇气。

事实上，孩子可能会感觉到戴上性格假面具的便利。他对性格期待的迎合，不只是为了取悦父母和大人。重要的是，这会让他轻易获得自己想要的被对待的方式，甚至是别人的喜爱。同时，也会让他摆脱令人烦恼的、环境对他性格的质疑和挑战。

被接受的需要：当一个孩子的性格不被环境接受，这种“不被接受”，有时是以隐蔽的、难以发觉其性质的方式表达的。可以是挑刺的、批评的、攻击性的，甚至是以“为你好”的名义对性格进行强制改造。

比如，一个孩子给人的印象是性格内向，这就可能吸引到这样的行为：就像含羞草的叶子一样一碰就会闭合起来。但其实含羞草的这一特点更让人乐意碰碰它的叶子，看看它“害羞”的样子；性格内向也一样，有时在人际交往中表现出来的困窘、害羞，也会招来更多对他性格这一特点的关注和更加针对这一特点的建议、要求、评价。“你不要这么害羞呀！”“你要练习多表达！”于是，这个孩子会发现自己处在烦恼的生活中，总是处于“被矫正”的状态。

“不被接受”并不是一种可以置之不理的态度，似乎他人将这种态度藏在心里只是他个人的观念。不被接受，代表了他人还可能评判、干预、试图按自己的意愿改变不被接受的东西。其中，攻击性行为有时也是对自己不接受的人、观念的一种比较激烈的表达方式。在攻击性行为中，我们虽然更直接的感受是攻击，但有时在这种攻击性行为中隐含着“不被接受”的意味。攻击性指向的往往是另一方“不被接受”的地方。直观的形容，就如同把不被接受者驱逐出自己的领地。

那么，很显然，一个孩子在短期内很难改变自己性格的情况下，戴上一个“被接受”的性格假面具会给自己省去很多麻烦，这也是对安全感需要的延续。

合群的需要：在对从众行为的研究中，我们可以看到对合群的需要。前面已经说过，引发从众行为的原因，包括寻求行为参照、对偏离群体的恐惧、群体凝聚力对个体的吸引，这些几乎都包含着在群体中获得安全感的需要。所以，这一点对儿童来说，也许尤为重要。

对儿童而言，安全是最基本、最具优势性的需要，远比独立和自我实现重要得多。

有一个被接受的性格，会让孩子在合群的问题上减少阻力和挑战。他能更容易地和群体中的孩子打成一片，这意味着他获得了表达的自由。当他处在自我孤立、不合群的群体状态时，他其实是不自由的。并不是说他表达自己独特的个性不自由，而是恰恰他也许只能表达他个性的、独有的部分，失去了表达人格需求共性的自由。

在他个性的部分之外，他也有对友情的需要、对尊重和爱的需要、对合群的安全感的需要。他的人性中共有的亲和需要的表达，在他自我孤立的时候，是忸怩的、难以表达的。而在他融入群体的时候，他才获得了这种自由，自由地表达他的亲和需要：他和别人建立联系的交往的需要、和别人互通信息的需要、分享和分担情绪的需要、不被孤立的需要。

换而言之，他的这些需要往往在合群的情况下才能得到顺利的表达。他的不安、他内心中对安全感的追求，也在合群时才能得到自由的释放。这是孩子在某些时候选择戴上性格假面具的原因。

第二节　强迫的外向：外向而孤独

当我们看到孩子害羞被动，我们可能会着急地说多笑一笑啊，活泼一点儿啊。好像笑一笑、调动起情绪是很容易的事情。为什么孩子就不能表现得外向一点儿呢？这看起来完全在他能力掌握之内，就看他愿不愿意这么做。但事实真是这样吗？

在心理学上提到了气质的5种特性：感受性和耐受性；反应的敏捷性；可塑性；情绪的兴奋性；指向性。其中，指向性说的是人的言语、思维和情感常指向于外还是常指向于内。常指向于外者为外向，常指向于内者为内向。指向性和情绪的兴奋性有密切的联系，情绪的兴奋性高者为外向，情绪的兴奋性低者为内向。

也就是说，从表面上看这是一种很简单的选择、易于操作的性格表现，比如，表现得外向一点，但外向的背后，如同其他所有性格特质一样，有着一整套和自己配套的性格气质特性和与这些性格特质匹配的需求。同时，指向性是指向内还是指向外时，它言语的方式、思维的兴趣点、情感的感受深度是不同的。满足的条件和方式也是不同的，并不仅仅是表面上看起来的表现形式的不同。

这就使得模仿一种自己不具备的性格会让人感到紧张和疲惫，并且不愉快。模仿一种性格的形式并不难，比如强行外向，在短时间内，模拟外向性格具有的情绪的高兴奋性也许是可以的。但是严重的是，这种模仿有时会造成性格形式和内心之间的分裂与感受之间的分裂。

这就好比一个化装成自己的人掠取了自己的生活。而真正的你却被孤独地囚禁在与世隔绝的地方。一个强行外向的孩子，不管是被大人强迫，还是自己主动模仿，他必然会隐藏他的部分行为。隐藏自己真正的性格，包括隐藏自己的真正感受、需求，抑制了自己情绪的交流和发泄渠道。

外向而孤独的悖论之处在于，外向代表了一种向外的表现和联结——外向者的言语、思维和情感都是指向外的，在社交中恰好是融入群体的功能性性格，理论上应该获得更多的友谊、情感支持，但为什么模仿了外向的性格表现反而感到孤独呢？

心理学家对孤独有着鞭辟入里的解释：“孤独涉及我们对社会交流的多少和交往质量的知觉。”

这可以解释，为什么有的时候我们身处人群之中，却仍然感到孤独，甚至更加孤独。因为在同样的人群中，在同样的交流数量中，交往的质量有时是取决于个人的性格需求和与之而来的感受的。

一个真正外向倾向的孩子和一个强行外向的孩子，他们在貌似相同的外向行为中，不但付出的精力是不同的，而且从中得到的感受也很有可能大相径庭。

首先，真正外向的孩子，他不必隐藏和抑制自己真正的性格，并付出额外的努力来学习一种性格表现。两相对比，他在心态上就是轻松的。这也意味着他没有产生额外的负担或者情绪让他需求一个倾诉、理解和分担的他人。孤独的产生，还有很重要的一点，就是需求一个可以分担的他人，但却得不到。如果根本就没有这种需求，就不可能在这一点上产生孤独的感觉。

强行外向的孩子则正好相反。强行外向，本身就是一种孤独的挑战。其会带来心理负担、恐惧和一种只有自己知道真相的孤独。这种负担会让孩子产生对更深入关系的需求，如果得不到就会感到孤独。

同时，一个外向倾向的孩子，他的外向更多是一种性格的自然表达，减少了对社会化需求的目的性。而一个强行外向的孩子，他显然在自己性格表现的有意识改变中，有更强的需求目的。这会改变他们对交往质量的感受。

对前者来说，也许简单的交流就足够让他感到愉快和满意了。因为他情绪的兴奋、活泼欢快，都是他本身就饱满的情绪的外溢和分享。分享本身就带来高质量的交往感受。对后者来说，外向情绪的表现是一种刻意努力的结果，他需要的不是分享就够了，他需要在交往中得到和他付出的努力相匹配的回馈。这包括他在努力表现外向时所产生的相应的心理感受，需要外在情感的相应抚慰和补偿。如果得不到，他的孤独会加倍。但他在外向表现中所收获的关系和情感，又不可避免地带有外向型交往的特点——外向情绪的兴奋性所指向的情绪型交往，往往不会涉及更深入的情感和感受；外向型交往，满足的是外向型的性格需求。

一个孩子，虽然可以强行表现出外向的性格倾向，但他的天性，他指向内心的思维和情感，意味着也许只有深入的情感和交流才是一种真正的交流；只有深入内心建立起来的情感联系，才能带来真正的情感支持和社交满足。而强行外向的表现，虽然可能带来了社交上的成功，却不能满足他真正的性格需求。他一方面会因为在扮演一个角色而感到孤独；另一方面会因为真实的自己不被接受而感到孤独。

这就是为什么一个孩子在强行表现出外向的性格，看起来外向活泼、交友广泛、合群适应的同时，内心却可能正在感到孤独。因为在和外界交流的并不是他，真正的他并没有和外在有真实的交流，更没有和外在建立真正的联系，因而也不能从交流联系中得到真正的满足。

第三节　效仿的积极：内心更加窒息

有时父母也许会抱怨，孩子整天趴在课本上，努力倒是很努力，就是缺乏学习效率，怎么努力都不见成绩提升。抛开别的因素不谈，对有些孩子来说，存在这样一种可能性：他行为上的积极性也许是他内心消极的反应。

这两者之间有什么关系呢？首先我们要看他积极行为的指向是什么。从表面看，他是为了取得好成绩而向更积极的生活靠拢，其行为的最终指向是更好的自己。但如果驱动他积极行为的驱动力并不是来自他自身产生的意愿，而是对外在要求、标准的效仿、迎合，其实质就恰好不是积极地服务自我，而是被动地服务他人。我们就能看出他积极行为和内在消极之间的关系。

和有强烈的“符合社会期望”动机的孩子不同的是，前者追求的目的是为了达成自己的需求；而后者效仿和迎合被期望的“积极”性格，并不是为了满足自己的需求，仅仅是为了让他人满意。这意味着他比前者也许更缺乏来自内驱力的积极动力。他外在行为上积极的节奏，很可能和他内心中真实的性格需求、性格感受是脱节的。这样的脱节，一方面会造成积极行为的低效；另一方面会因为行为上的积极性兼顾不到内心需要处理的消极反应，而成为焦虑的积极性。

低效积极：一个孩子可以通过行为上的积极性来确保内心

的状态不受打扰。只要他行为上是积极的、配合的，他就有可能逃过无休止的说教，不让这些说教扰乱自己的内心，在内心实现爱怎么样就怎么样的自由。他虽然行为上积极主动，但内心却可以完全在行为假象的庇护下不受外在要求的支配和影响，保持不参与的状态。此时他的积极性反而是一种和外在保持距离的做法。

这种心理下的行为，表现得再积极，也并不容易出效果。因为只是他四肢行为表现出积极性。他的头脑、心，也就是活力的开关——掌管着四通八达的知识联络和互相激发的网络是处在蛰伏的昏蒙状态。他趴在课本上，花的时间虽然很长，翻的书和做的题也相当多，但他头脑中最精锐的部分、他心中最有灵感的部分，都没有被激活。他的积极之处，不在于全身心地扑在学习上，而只是在积极地使用刻板常规的表现方式，这让他很难发挥应有的潜力。

如果我们过于注重他外在行为的积极性，而不尊重孩子的内心；如果我们试图通过比较强硬的手段，不管他愿不愿意、心中是什么感受、怎么想的，只管迫使他在行为上表示听从，他就有可能表现出这样低效的积极状态。这反而会让我们误以为是学习方法出了问题。但事实上，孩子只不过是在以模拟的积极性实现一种心灵的休息。这也是孩子应对太多的外在要求时，为了防止淹没其中使心灵感到窒息所使用的本能策略。

焦虑积极：在我们感到焦虑的时候，我们有时就会以不停地忙这忙那的方式表现出来。这种繁忙活动中的焦虑不安，是比较容易识别的。但不容易识别，甚至非常容易混淆的是，孩子的焦虑有时会消失在积极性格的面具之后，这让我们很难发现。他不停地忙碌，尽己所能地把生活安排得充实、积极向上。但实际却不一定是别人想的那样，是因为他性格积极。可能让人大吃一惊的是，这恰好是他焦虑的表现。他焦虑地试图从对积极性格、生活方式的效仿中，摆脱掉他内心对生活挑战的恐惧。

他表现出来的焦虑性积极，恰恰可能是他对自己不自信，对自己应对生活挑战有压力的表现。这一点其实很有蒙蔽性，因为从外表看，他是如此积极上进，以至于很容易就让人认为生活方式如此积极的人的性格也一定是积极上进的。但是，在带有焦虑性质的积极中，仔细观察又很容易发现类似强迫症的心理因素。没有人会说，一个人一遍一遍地检查门窗是否锁好、煤气是否关好，是一种积极的行为。但无可否认，这种“不停地活动”的行为，是类似于“生活积极”给人的印象的。只是前者的活动指向不健康的强迫行为，后者的活动指向健康的创造性行为。

在效仿的积极性格中，如果带有比较强的焦虑，我们就可能发现孩子对于自己是否能被接受，是否能符合社会期待，是缺乏信心的，心存恐惧的。这时，对他来说他自己的性格需求是什么，他自己的感受是什么，也许都不重要了。他把自己放到了最无足轻重的位置，因为担心不被接受、不符合期待，担心他人的不满，所以努力让他人满意，拼命贴近环境的要求标准，成了对他来说最重要的事——这些在他人眼里是非常积极的行为，实质上却带有类似强迫性质的、对安全感的不断确认。

又因为这种外在的积极，这种对安全感的不断确认，正是因为内心缺乏安全感和信心，同时，自我不仅没有在积极的行为中得到伸展和加强，相反，自我在这种和内心脱节的积极行为中遭到了贬抑。所以，有时孩子并没有从这种效仿的积极性格中获得真正发自内心的积极，反而感受到了压抑。

第四节　假装的阳光：郁闷被压抑

也许我们应该想想，性格阳光意指什么呢？当我们暗示一个孩子，他不应该动不动就哭泣、沮丧、心情忧郁，而是应该性格阳光一点儿，我们其实是在期望孩子拥有哪些性格特质呢？

如果我们从来没有想过，性格阳光包含了怎样的性格特质，那在我们看到一个孩子，并脱口夸赞，这孩子真好，看着真阳光时，我们在他身上看到了什么呢？简单地说，我们瞬间感受到的是一种单纯的、积极向上的活力。“单纯”是特别要强调的一个词，不是说这个孩子单纯，而是说这种阳光的特质单纯，这种积极向上单纯。它并没有纠缠在负面情绪的阴影和见不得人的阴暗心理中，所以才如同阳光般纯正明亮。

这也从反面说明，我们强调阳光的性格是在告诉孩子他不应该有负面情绪，至少不应该表现出来。如果有了负面情绪，他的内心中也应该有一台强大的情绪消化机，不用骚扰和麻烦别人，自己就能把负面情绪消化掉。

替代规则是指个体被期望用一种很不同的（通常是相反的）情绪代替另一种情绪。在收到给婴儿玩的玩具时，那些表现出明显的高兴而不是失望的孩子，显然学会了这种规则。

这也许是我们从小学会的替代规则的延续。从小我们就被教授必要的礼貌，比如，在收到不喜欢的礼物时，也最好隐藏自己的失望，而换上相反的情绪表达，如喜悦、赞赏。这在某时是必要的。毫无疑问，它作为社会化的情绪表达，是孩子必须学习的，也是有挑战性的。但是如果掌握得过于僵化，又会出现另一个问题，那就是表达自己真实的情绪反而有了困难。

一方面，在表达情绪时，社会成员被期待着行为要符合一系列规范，这些规范有潜在的，有外显的；另一方面，心理学家提道，“疾病经常意味着一个人的动物本性的丧失”。那么，这种动物本性中，是否也包括了最直接、最自然的对真实感受的表达？

这并不是说，要一个孩子在到了一定的年龄时，仍然不需要学会基本的情绪表达规范，仍然保持婴儿的特性，高兴了就笑，不高兴了就可以不分场合地哭。而是我们要意识到情绪表达规范的度是什么，在哪里。比如，对负面情绪的表达规范，如果越过了一定的限度，不允许它适度地表达，甚至不承认它存在的合理性，是否反而会增加心理的负面情绪负荷。

假如要求一个孩子学会礼貌，在收到让他失望的礼物时，仍然要表现出开心的样子，并不算很为难，因为这种假装只是一个瞬间。孩子如果想假装出一种自己尚不具备的阳光性格，就要求他在情绪的表达上长期使用替代规则。也就是说，在他难过的时候，他要假装不难过；在他颓丧的时候，他要假装不颓丧；在他痛苦难耐的时候，他要假装不在意。

而这种长期的情绪伪装，非但很难让他的性格真的阳光起来，反而和阳光的本意背道而驰，如果被隐藏的情绪在心中长期积累，就有了形成心理阴影的危险。如果他本来的情绪负担就很重了，比如感到压力，缺少来自同伴友谊的欢乐，仅仅是正面处理这些负面情绪就已经是个了不得的挑战了。现在又人为地加上了一种挑战——对他长期情绪表达方式的要求。

既然是一种要求，就势必会有达到和达不到两种结果。紧随而来的，就是对挑战的压力与紧张和对达不到要求的挫折感。也就是说，在我们期望孩子性格阳光，鼓励他性格阳光的同时，我们却可能无形中给他施加了压力，制造了人为的挫折感。我们非但没有帮助他从内心真的清理那些真实存在的负面情绪，反而人为地让他承受了更重的情绪负担。我们可能会暗示他，有负面情绪是不对的、有问题的、不健康的——是性格出现了问题，如果他不能自行克服，他就会在原来情绪负担的基础上，额外增加“我性格不阳光”的挫折感。

但是阳光的性格，不应该通过对负面情绪的排斥、对低落郁闷的排斥、对消极无助的排斥甚至否定来实现。

让她最难受的就是有人不停地提醒她应该觉得非常开心……要让她认为这个岛屿是个天堂，首先得让她有机会觉得它并不是那么十全十美。

我们要知道阳光的性格，并不见得一定就意味着一种没有杂质的快乐、从不低落的积极、不会疲惫的活力。它并不是性格积极面的单面反光。它是好与坏、快乐与沮丧、积极与消极的坦荡共存，也同样是好对坏、快乐对沮丧、积极对消极的不懈地分解和升华。强求一种不会变化的快乐，不会起伏、永远饱满的性格状态，恰恰可能剥夺了它走向阳光的活力。阳光的性格，是一种生命动力的呈现，恰恰不是对它静态的模仿。

如果一个孩子的负面情绪长期得不到承认和表达，得不到直面和处理，就像乌云从来没有散去，阳光从何而来？允许孩子表达自己真实的感受，拥有并不阳光的感受，也许才是迈向真正的阳光性格的开始。

第五节　浮夸的自信：在自卑与自负之间挣扎

在优质性格的清单上一定有自信的一席之地。说一个人“看起来很自信”或者“看起来不自信”，隐含着对他性格的肯定或否定。但自信是怎么被看出来的？它表现出哪些特征会被看作自信的象征？

一个孩子他知道了“自信”这个词儿，如果他想要表现得自信一些，虽然他可能并不自信，而且忐忑不安，他会抓住哪些性格特质来表现他理解的、想象的自信？

自信，不同于活泼外向，后者相对来说更容易效仿，只要忍住疲累，表现出情绪上的积极性。而自信，却是某些性格能力和心理素质的综合体现。它恰好可能和效仿、脱离真正的自我相反。也就是说，一个人越是脱离了自我，一味地去效仿他人的思想、行为方式，他越不可能自信。自信是来自对自我的认知和肯定。

当一个孩子并没有深入认知自己内心中的自我，他总是稍有接触，就急着把这个弱小不安的自我抛开，不去认知它，更不会对它有所肯定；而是用最省力的方法，在外表模仿自信的气质和行为举止，这种模仿是很容易跑偏的。

因为真正的自信并没有太鲜明的痕迹，而没有鲜明的痕迹，意味着没有可以简便模仿的“式”。模仿自负却容易得多，自负经常被混淆为自信，但它对自我的感知明显是不合理地放大。所以，一方面自负有掩饰内心自卑的作用；另一方面它有太多鲜明的性格棱角可以模仿。模仿冷静的力量、内心的信念，都是不容易的，但是模仿放大了的自我，模仿目中无人、刚愎自用，表现出侵略性却相对容易得多。

我们有时为什么会把自信和自负混淆了呢？好像目中无人、刚愎自用、缺乏起码的谦让，都是一个人极度自信的表现。因为这同时说明了我们对什么是不自信的表现，也存在同样的误解。好像一个人只要是自信的，就一定不会是害羞的、内向的、有退缩行为的、谦逊的。但决定一个人是否自信，除了他外在的成绩，还包括他对自我的认知、对事物的认知、对自我在事物中的位置——能做什么和能做到什么程度有着自己的判断与信任。

自信和是否害羞、内向、谦逊没有必然的联系，就像一个人表现得十分自我、外向，未见得是自信一样。假如一个孩子走捷径，不是在自己的内心真正建立属于自己的自信，而是从外表模仿自信可能具备的特征，他就有可能表现出气球的属性，那就是看起来硕大无比，但用针扎一下就破成碎片。

他会处于两个极端，要么自负，要么自卑。因为在这种性格的包装中假装自信，意味着不再认知和处理内心中可能存在的自卑、软弱，及对自我的不确定，同时，也不再认知内心中真正的自我价值。一旦表面的自信遭到打击，他就会显得不堪一击，因为自信不是真的，不是来自内心，并不能给他持久的定力、真正的支持。

我们有时往往看重自信的某些表面功能，它的适应性、自我表现能力、支配影响、不易被支配的能力。模仿的自信正是我们以为指向这些表面功能的性格表现。所以我们看到，有的所谓自信并不让人感到舒服，而是咄咄逼人、过于自我。事实上，自信的表面功能，不过是它内在价值的附带表现。就好像一个人笑容满面是因为内心愉悦，他的笑容只是内心愉悦的一个闪光。我们如果只是追逐这个闪光，追逐自信的表面功能，我们就会失去自信的根源和自信最有力量的部分。

一个孩子如果从一开始就避开自己内心中软弱的、自卑的部分，同时，也避开自己的价值所在，只满足于模仿自信，他很可能会失去培养真正自信的机会。事实上，没有什么比不接受自己更不自信的了。一个不愿掩饰，不怕表现出自己的害羞脆弱、胆怯恐惧的孩子，也许要比一个装作自信，不敢表现出自己的害羞脆弱、胆怯恐惧的孩子自信得多。他的自信在于，他相信就算他有这样或那样的缺点，也不足以抹杀他的优点和价值。

因为真正的自信，恰好不是特意强调自己的无瑕疵、无缺点，而是强调在对自己优缺点的两面认知和接受上：对自己的缺点是接受的，对自己的优点又是充分认知和肯定的。这是产生自信的前提。如果绕过对自己的认知这一点，只是模仿自信，那么，很可能出现的是和自信的前提正好相反的情况，对自己的缺点是掩饰的、不接受的；对自己的优点是什么又是认知不清的。这反而容易暴露不自信。

一个孩子自信，是因为他内心有相对稳定的对自己的评价标准和体系，这使得他部分地独立于外在的评价和影响，这也是自信表现出较少受到外在评价影响的原因；也是他哪怕在他人的评价中是内向的、害羞的、不自信的，也依然动摇不了他的自信的原因。

这种坚如磐石的力量，单纯靠着模仿自信的外在表现，是模仿不来的。因为越是模仿，也就意味着越是在试图靠近和迎合外在的评判与标准，越是容易被外在的条件和评价左右，而远离了真实的自我和自信的本质。

第六节　隐藏真性格对心理的潜在危害

在《优秀的绵羊》一书中，作者提到了这样一群年轻人，他们都是风度翩翩的才子佳人，自信优秀，亲和合群，多才多艺。但不可思议的是，在他们光鲜亮丽的外表下，却可能存在着难以想象的焦虑孤独、恐惧无助。

这种情况是怎么发生的呢？一个中学生，样样优秀，聪明勤奋，第一眼看到他的人都会说，这个孩子真阳光，笑得好灿烂。但如果真的走进他的生活，我们却可能大吃一惊地发现，他不但情绪极不稳定，而且时常陷入忧郁低落的心情难以自拔。我们几乎很难把这两面合在一起，对外的快乐阳光和内心的阴郁不快。

事实上，当我们对孩子的性格提出要求，我们要求的不仅是某种看似简单的性格表现，还同时暗示了不接受某些性格的表现，包括不接受和这些性格特质呼应的情绪、思维、意志和态度。

这样的父母不会容忍自己有一个“沮丧的、有需求的、生气的、愤怒的”孩子。

那么，问题就来了，这些情绪都去了哪里？一个孩子他的沮丧、需求、生气、愤怒，不会因为父母不希望他有，他就真的有能力没有。当这些情绪不被允许表现，它们去了哪里，他是怎么处理它们的呢？

缺失的情绪排污口：从人性上说，一个人顺利了就高兴，遇到麻烦了就沮丧，是再正常、再健康不过的反应了。而最压抑的事情，并不只是不允许表现负面的、冲动的情绪，而是压根就不允许它存在。这意味着，我们甚至拒绝面对它和解决它。

当一个孩子感到沮丧、愤怒，内心软弱有所需求时，父母的第一感觉也许是恐慌，因为这意味着麻烦来了。如果允许孩子把发生了什么和他为什么感到沮丧统统详细地说出来，那么，也许就要换成父母感到沮丧和无助了。所以，最简洁的方法莫过于从一开始就不让孩子张嘴说话。在孩子说话之前，先用这样的否定式封条把孩子的情绪发泄堵住——“这有什么好沮丧的？”“你太爱生气了。”

连同情绪被封条封住的，还有对事件更完整的描述，孩子的想法，他在这件事情中的位置，他为什么有这样的感受。而他情绪抒发，通常也是对认知、感受的再一次梳理。是为旧情绪的排解、新情绪的焕发，旧认知的淘汰、新认知的更替，所做的一次心理清理工作。而现在，所有这一切都被强行压回了他的心中。这就使得被压抑的情绪如同一直没有得到疗愈的伤口，虽然我们暗暗指望它能自行疗愈，但这些伤口却可能在慢慢地恶化，削弱他的活力。

当我们不允许他的情绪自然排污时，事实上我们也许在拖他成长的后腿。我们貌似给他指出了一条成长的捷径，但却把他的内心一直留在旧的、未经处理的情绪危机中。

被伪自我取代的自我：在有些孩子身上，出现了令人困惑的现象。他们几乎拥有一切，却并不快乐。在他们身上似乎缺失了什么，他们拥有了强力获取的能力，却出乎意料地失去了从获得物中得到快乐的能力。原因是什么呢？

为了迎合父母的需求而建立起来的“自我”是一种“伪自我”。当一个孩子力争满足父母的需求时，往往自己的感受和渴望会被忽视，久而久之，这个孩子将失去关怀自己的能力。

孩子被忽视的感受和渴望，又有什么要紧呢？因为我们可能一直存在简单的认知错误：一是父母知道得更多，知道什么对孩子好。所以，父母对孩子的需求，哪怕眼前还不是孩子的需求，但它终将会成为孩子自己的需求；二是在正确的时间做正确的事。在读书的时间就应该全力以赴读书。其他的事情，比如，感情的需求、爱好的需求，这些可以到了正确的年龄阶段再补上。

但两个关键的问题是，父母的需求在演化成孩子的需求之前，这个过程中孩子的需求感、欲望应如何保持，会不会在强行压制中变得失去欲望感和活力，就是对什么都提不起兴趣？当终于有了时间来面对生命中其他的需求，那些被抑制的、没有得到培养的情感能力、兴趣能力，是否还能被重新点燃，是否还能补上？

如果一个孩子从小就已经习惯了戴着性格假面具，他真正的性格需求和性格感受，因为长期得不到相应的照料和成长，也许早就失去了活力和趣味。哪怕他的性格面具再金光闪闪，他也如愿获得了社交的成功，但他失去了真实的自我，再也不能从中获得真正的快乐、真正的满足。快乐是他的伪自我，他内心的真正感受可能依然是空虚孤独的。

价值缺乏感：我们有时过于相信孩子的自信完全来自他外在的表现和所获得的成功。似乎只要他样样优秀，他就一定会幸福和自信。至于他的自我感受如何，他和自我的关系如何，都是不需要考虑的。

但当他的外在表现和内心感受完全分离，驱使他的不是来自内心的真实自我，而完全是被外在迫使，那他失去的是为自我效力的能力。他不再是一个自主的、有主动性的生命。虽然他外表看起来很积极，但那是积极地迎合，而不是积极地发挥自我。

而一个自我遭到压抑、没有得到成长的孩子，他很容易会有这样的感觉——他所取得的成绩，都是为别人取得的，那是在别人的要求下做的；他所努力做的一切，也只是为了让别人满意，而不是为了满足自己的需要，让自己满意。从中得出的结论就是，如果别人满意才是重要的，自己是不重要的，这会削弱他的自我价值感。

第十章

怎么和孩子的“问题”性格相处

第一节　一个有“性格问题”的孩子

不可否认，现实中确实存在性格很好、让人相处愉快而舒服的孩子。但更多的孩子，总是有这样或那样的性格缺点，这本来是再正常不过的事。一个孩子贪玩、不听话、撒谎、不善于交际，这在日常生活中不是非常常见的事吗？但是一旦将之上升到有“性格问题”的高度，就会突然变成一件严重的事。对父母和孩子双方来说，这都会变得沉重。

如果不是作者有相对更完整的视角提供给读者，匹诺曹就只是一个爱撒谎、不听话的孩子；汤姆·索亚更好不到哪里去，早恋、打架、逃学、贪玩，坏孩子的特征一个也不缺；弗恩就更严重了，内向、不善言辞、喜欢坐在猪圈旁幻想，这是多么严重的性格问题，难怪她妈妈去咨询医生。

而在现实中，那些在历史上熠熠闪光的杰出人物，按照类似的性格标准，有性格问题的实在是大有人在。也许当父母的会想，我不需要我的孩子有多杰出，他只要当一个快乐健康的普通人就好了。“我不需要他的性格问题从另一面促成激情的火花，带来出色的成就，更不希望他的性格问题给生活造成不便。”这是一种可以理解的、父母对子女最朴素的关心。

但是换个角度看，设想一下，当我们把孩子性格上普通的不足之处，当作一个严重的性格问题来聚焦的时候，会发生什么，会对孩子的成长产生什么样的影响?

据说心理学大师马斯洛的性格很害羞，但同时，我们也可以在他的传记中看到，当涉及自己的专业观点时，他是多么自信有力，在追求自己的事业方向时，他是多么果断坚决。那么，这些看似矛盾的性格特点，是怎么在一个人的性格中相容的呢？如果马斯洛的父母在他小的时候，就把目光过度聚焦在他的害羞上，对他性格的关注和培养都围绕着害羞这一点，不断地强化“这是个缺点”“你不够外向，不够大方”这样的自我感知和意识，可能对马斯洛后来表现出的自信与力量会有抑制的作用。

换而言之，当我们对性格的标准太过于看重，并形成了刻板观念，将不符合性格标准的性格特点都归为“性格问题”，并将改造这种性格问题纳入性格培养的主要甚至是唯一内容，会产生什么样的影响?

被改变的培养视角：在很多亲子冲突中，冲突的核心原因是培养视角过于窄化。比如，父母和孩子的谈话经常集中在“你写完作业了吗？”“你考试考得怎么样？”。也许父母会说关心孩子的学习有错吗？关心孩子性格的培养有错吗？但实际上，其中隐藏着一个不容易发现的视角错位。

并不是说关心孩子的学习本身有错，或者是关注孩子性格的养成有错，而是这个关心的点也许跑偏了。孩子未见得是因为父母过问了自己的成绩就生气，他生气可能是因为在这种关心和过问中，有着强烈的“纠错”“矫治”意味。培养视角的窄化是指不小心将宽泛的培养理解成了狭窄的纠错。在性格的培养上也是如此，一不小心就把对性格的养成当成了对“性格问题”的发现和纠正。

这会改变我们观察、理解和评价孩子性格的角度。对“问题”的敏感有些类似儿童的新异恐惧，新异恐惧是指儿童对陌生环境中危险因素的敏感性寻找。但两者在对危险、缺陷方面注意力的高度集中和敏感这一点是十分相似的。这就会造成对危险和缺陷的焦虑，也会造成对机遇和优势的漠视，还会让我们把目光总是盯在孩子的“问题”上。每一次的交流，我们的本意是想给予孩子优质的教育，但在事实的做法上，我们却总是试图把孩子的问题纠正过来，这其实是在缩小培养的范围。平衡地看待孩子性格的方方面面，更有利于整体的培养。

被改变的培养目标：当我们把目光聚焦在孩子的“性格问题”上，我们不仅改变了看待孩子性格的视角，改变了在性格培养上下手的角度，我们还很可能在无意中改变了对孩子性格培养的目标。

我们很容易就会用矫治一个有问题的性格的想法，替代我们最初的目标——培养孩子好的性格。这两者之间乍看似乎目标是一致的。矫治了有问题的性格，不就是培养了好性格吗？但一个重要的问题是，在矫治的过程中，我们无形中会对好性格的标准和其中包含哪些性格特点设限。

在矫治孩子害羞的性格时，我们可能会无意中让孩子觉得，不害羞、大方、外向就是性格养成和发展的最高、最好的目标。而这一点会冒风险，这也许不利于他发现和发展自身独特的性格优势。就好像无形中给他设置了一块性格发展的天花板。他也许还有很多我们不知道的，超乎我们的认知和想象的性格潜力。而我们无形中也让孩子把性格发展的注意力只是集中在了对自己性格不足之处的矫治上。

这事实上也把孩子的成长设定在一个较低的目标上。这是“改错就够了”和全面发展自己潜力之间的差距；是符合和适应外在的标准，和全面发展自己个性潜力而不断地寻求同外在标准的平衡之间的差距。

这两种目标之间的差距，就是不同的性格培养目标所给予的性格发展空间的差距。

第二节　尊重：最贴心的安全感

有相当多的教育观点都提到了“尊重”这个概念——要学会尊重孩子。但是怎么尊重呢？什么才叫尊重呢？一个幼稚的儿童处处都需要指导，又怎么叫人尊重他幼稚的想法呢？而且，尊重对孩子来说真的那么重要吗？

父母出于对孩子的关心，有时会迫不及待地站在纠错和指导的位置上，“孩子这么做是不对的，难道作为父母我不应该给他指出来吗？这有什么不尊重的？”也许，对父母的本心来说，并没有特意想要不尊重孩子，但是因为不清楚什么是尊重，就会无意中不尊重孩子。

举个例子，孩子在看了一个可怕的动画片之后，开始害怕窗帘，想象窗帘后面有什么可怕的东西藏着。当他把他的恐惧告诉妈妈，妈妈却大笑，不在意地掀动窗帘说：“真胆小，这就是个窗帘，有什么好怕的！”妈妈的本意也许是想用夸张的、轻松的方式来冲淡孩子的恐惧，想做出一个大胆的表率，让孩子学习。

但她确实也存在一种大人的轻视心理、一个大人的俯视视角。觉得窗帘可怕，这太可笑了。她没有刻意不尊重孩子，她只是觉得孩子这种想法幼稚可笑，她没有仔细倾听孩子为什么感到恐惧，孩子想象了窗帘后面有什么，而是直接打断他的倾诉，告诉他，他不应该感到害怕。因为这些想法和感受是幼稚的，不应该有的。他不必说那么多，他只需知道这是错的，需要纠正就可以了。

还有一个例子，一个孩子跟自己的好朋友闹掰了，她非常伤心。当她想和妈妈倾诉这件事的时候，妈妈却觉得她太玻璃心，太多愁善感了，听都不要听她的倾诉。妈妈以全不当回事的口吻告诉她说：“你也太脆弱了。朋友玩得来就玩，玩不来就拉倒，再交新朋友。值得这么影响情绪，这么伤心欲绝吗？”这个妈妈也没有想要不尊重孩子，她只是站在她的角度上，认为孩子的伤心完全不必要，这让她感到烦恼，由此便对孩子的性格得出一个结论——玻璃心。

实际上，两个妈妈虽然都接受“尊重孩子”的观念，也从内心中觉得自己是尊重孩子的，但从行为上却远未摸准“尊重”的命脉所在。

对于什么是尊重，怎么做才算是尊重，我们或许可以从心理学家的这段话中有所领悟：“此时知觉者必须尤其尊重客观对象的本质；此时的认知必须温和、细致、不强加、不苛求，能够像流水般缓缓地渗入裂缝中，顺从地适应事物本质。”

这段话提醒我们的是，首先要尊重孩子的性格本质。他看了一个吓人的动画片，产生了联想，对窗帘感到害怕；她重视友谊，失去了一位朋友，感到十分悲伤，这都是孩子某种性格本质的反映。如果父母怀着轻视心理，武断地打断他这种性情的自然流露，并从中评估和判断他性格上的问题——你太胆小了，你太玻璃心了，这就失去尊重，容易制造出一个有“性格问题”的孩子。

也许有父母会说，这不是制造出来的，孩子胆小、玻璃心是事实。正因为这是事实，所以我才下这样的结论。但在武断和尊重、急着下定论和小心的认知之间，对孩子性格的养成也许有很大的区别。一个孩子有胆小、玻璃心的倾向、苗头、萌芽，和他最终是不是会长成一个胆小、玻璃心的人，或者胆小到什么程度、玻璃心到什么程度，这里面培养的方法、父母对待他这种性格的方式也许会起很大的作用。

如果在孩子刚刚露出这种苗头的时候，父母就轻易下定论说你就是胆小，就是玻璃心，会产生两个坏的影响，一个是孩子对自己的认知，被板上钉钉地贴上了性格问题的标签；一个是孩子仍然存在不同性格发展方向的性格萌芽，因为被武断地抑制，得不到伸展、表达、清理的机会，而被固定在被抑制的感受中，强化了这种性格特质。

我们容易产生的误区是，我们之所以急着指出我们看到孩子可能存在的问题，是因为我们以为，只要指出来，孩子就能认识到并毫不费力地改掉。似乎孩子改不掉缺点的唯一问题，是他认识不到问题。但有时，在一个问题的背后却有着复杂的性格、能力、心理因素。

> 只有他的恐惧得到尊重和认可，他才有勇气变得勇敢。
>
> 我们必须充分准备，不仅要召唤他向前，还要尊重他后退舔舐伤口、恢复体力、在安全有利的位置审视情况，甚至在他后退到先前“低级”快乐主导的位置时也要表示尊重，如此，他才能重拾成长的勇气。

而这种尊重的实现和我们的态度是分不开的。在孩子展现出他的恐惧、困惑、脆弱、悲伤时，我们应该思考，我们是立刻摆出指责、干预的态度，从他的表现中评估判断他有着什么样的性格问题，还是能做到以涓涓细水地润泽，不强加自己的观点、不苛求他尚不具备的素质，温和细致地做好相处中最重要的第一步，给他性格的发展留出空间。

这其中既表现尊重和不尊重的区别，也会对孩子性格的培养形成不同的走向：是制造一个有性格问题的孩子，还是培养出一个有成长勇气和性格可持续发展的孩子。

第三节　被喜爱的孩子更有自信

对父母来说，似乎喜爱自己的孩子不是什么难事。毕竟，有几个父母认为自己是不爱孩子的呢？且不说，出于为人父母的天性，关心孩子的健康，为孩子着想，为了孩子好而把自己的想法强加给孩子算不算是爱，这和真正的爱之间是否还有差距，但就是爱和喜爱之间也存在着细微的差别。

爱一个人，与喜爱一个人相比，前者更倾向于一种情感的状态，而后者则有更多理性欣赏的色彩。对一个人的爱，更强调爱人者对被爱者的感情，而这一点并不能说明被爱者就是有特别价值的；而喜爱，往往突出了被爱者具有的某种性格、能力，是因为它被意识到、被鉴别、被欣赏和被肯定，才有了别人的喜爱。

一个孩子最初的自信，可能来自周围人无心的夸赞：这个孩子长得真漂亮，这个孩子从小就懂事。但是这些自信，如果没有随着年龄增长而得到持续的补充，也许渐渐就会像褪色的墙纸般暗淡。父母的喜爱给予的自信心却可能持久得多。一个孩子也许永远都会记得，他从父母闪光的眼睛里看到的喜爱，“你可真聪明”。而伴随他的成长，这种持续的喜爱，是对他具备某种价值的持续的肯定。

自信是弗洛伊德突出的性格特质之一，他的母亲爱他、赞赏他，他在自传中，把这种自信和母亲对他的宠爱联系在一起：“一个无可置疑地深受母亲宠爱的人，会终身保持胜利者的感觉，保持经常导致真正成功的信念。”在这里出现了爱能建立信心的两个关键因素，一是这种爱来自谁；二是这种爱的性质，它包含了什么。

不管这种爱来自父亲还是母亲，给予爱的是一个什么性格的人，他在家庭中地位如何，在孩子心中是否具有威信，是否是一个榜样或者让孩子尊敬和信服的人，这都会决定他所给予的爱有多少分量和可信度。同时，很重要的一点是，父母给予的爱是一种什么性质的爱。也许不同的父母，他们的爱都带有和他性格认知相符的特点。一个焦虑、缺乏安全感的母亲，她不管有多爱她的儿子，她都有可能在她的爱中带上焦虑恐惧的情绪。她越爱她的儿子，她就越可能把他抓在手心；她越爱他，她就越会向他传达出更多的恐惧和不安全感，而不是给他带来成功的信念。

就像溺爱孩子的父母，他也爱孩子，但他的爱中充满了对孩子的娇纵。这种爱传递给孩子的不是力量，不是自信，恰恰是发人深省的这样一种结果：“不设限制的溺爱型父母培养的孩子在与别人的交往行为中总是表现出低控制力。”原因是什么呢？也许在这种溺爱的爱中，对孩子缺乏纪律的要求和约束，使得孩子首先对自己的控制力没有得到有效的锻炼。换而言之，在溺爱中他可以为所欲为，他不必锻炼、调整、控制自己以适应关系的需求。结果就是他从这样的爱中，得到的也许只有娇纵的坏脾气，而不是真正有价值的自信。

而喜爱中包含的赞赏，尤其这种喜爱和赞赏是来自让孩子尊敬与信服的父母，它的效力就会加倍，给孩子留下深刻的印象和持久的信心来源。因为父母的喜爱既包含理性上的认知和肯定，又包含情感上的接受。这是一种双重肯定。

同时，父母对孩子的喜爱，通常是对孩子身上某些本质的喜爱，这就使得喜爱具有了一种持久性。在这种持久的喜爱中，孩子也会不断强化他被喜爱的部分。通过这样的强化，他的某些方面的确有可能脱颖而出。一个有利的方面是，通过对被肯定部分的强化，这个部分也许会加重他自我价值评价体系中的分量，成为自我价值感的重要部分或者核心部分。

这是一个强有力的对自信的保护。这让他在面对外在不同的评价标准、挑战、竞争和挫败的时候，总有一个保障。“我这一点不行”，绝不会扩展为“我这个人不行”。远在被其他外在的评价影响之前，他就有了被喜爱、被赞赏的经验。有了他自己的、对他的自信更有利的自我价值评价标准，就能保护他不会完全任由外在评价摆布，主导他的自信。

另外一个有利的方面是，一个感受到父母喜爱的孩子，他可能不仅会强化自己被肯定的部分，作为被喜爱的一种回馈，他也会愈加关注和模仿喜爱他的父母身上的优秀的、被他喜爱和肯定的品质。也就是说，父母的榜样作用在他性格的养成中加深扩大了。他对父母的喜爱和信服，他对喜爱和信服的那些父母优秀品质的模仿，这一切都会作为一个更深远的信心来源，持续地在他的生活中发挥作用。因为这一切，他所模仿并终将继承的品质已经是被父母证明了的。这是那些感受不到父母的喜爱，同时也没有以同样的喜爱回馈父母的孩子所损失的。

当我们想要孩子表现得更自信一点儿，也许直接指出他的问题，“你没有必要这么自卑”，并不是明智之举。诚如阿德勒所说，这样反而可能加重他的自卑。从我们自己这一方多做努力、多寻找和赞赏孩子的优点，表达充满真心的喜爱，也许是更有效的对孩子自信心的培养。

第四节　强势的父母与不服管教的孩子

在不良的亲子关系中，强势的父母和不服管教的孩子容易形成一对组合。也许，父母越强势孩子就越不服管教，而反过来，孩子越不服管教父母就越强势。亲子双方彼此不良的态度，越发促进了对方不良的态度，使得矛盾激化。

就父母一方来说，尤其在孩子幼小的时候，很容易就会陷入强势的态度中，自己却很难发觉。一方面，孩子太幼小了，什么都得依赖自己，自己在孩子面前有绝对的权威，这样不知不觉就会养成对孩子权威性强势的习惯。另一方面，在孩子幼小时，父母对他的了解还很可能仅限于对一般儿童应该是怎样的认知概念和想象，也就是还没有随着他的成长发展出对他独有个性的了解和认知，这时，在父母的心中容易住上一个“别人家的孩子”。这个理想孩子，这个别人家的孩子，促使父母表现出塑造性强势。

在和孩子的沟通中，父母的强势态度是如何激怒孩子，引起孩子的反感，让他更加不服管教的呢？举个例子，同样是看到孩子扔了一地袜子不洗，态度平和的父母会说，宝贝儿，你是不是该洗袜子了，老是堆在地板上有点儿不卫生哦。而强势的父母会斩钉截铁地说，赶紧洗袜子去！老是堆在地板上像什么样子！怎么这么不讲卫生！

卢梭在他的儿童教育名著《爱弥儿》中，指出了一点：要是孩子们只是在事物方面而不是在意志方面受到阻碍，他们不至于表示反抗或愤怒的。态度平和的父母和强势的父母正是在这一点上有区分，前者在要求孩子洗袜子的时候，只是在谈洗袜子这件事本身；而后者在洗袜子的事上，不仅引申出对孩子意志的支配和控制，还有对他行为的批评和对他性格的不满。在要求孩子洗袜子这件事背后，深藏着一种根深蒂固的抱怨。

这种抱怨从何而来呢？从前面的分析中我们可以知道，这种抱怨的根源，来自权威性强势和塑造性强势遭到的挑战。权威性强势，要求孩子绝对地服从，而孩子有一点点不服从都会被放大；塑造性强势，对于孩子表现出的任何和理想孩子、别人家的孩子不一样的地方，都觉得不能容忍。这种基础态度决定了在面对和孩子有关的事情时，很难就事论事，而是在开口说话之前，预先带有一种被挑战的怒气。

站在孩子的角度，我们可以想象一下，听到父母平和地说你该洗袜子了和父母怒气冲冲，口气强硬地说，怎么还不去洗袜子？孩子在心理上会有怎样不同的感受，又会有怎样不同的行为表现？前者，听在耳中是一个不带情绪的普通建议；后者，却是命令、指责，带着强烈的负面情绪，甚至包含对自己的敌意和不满。这让他立刻就不高兴起来，虽然他很难说清楚是什么让自己不高兴，但他立刻就会对这件事产生抵触情绪——我偏偏就不肯洗。

于是矛盾就产生了。孩子的不服管教被父母看在眼里，愈加怒不可遏，愈加不可理解。“怎么，洗袜子这样的小事，还要一遍一遍地说，说了还不听。”在孩子这边，也表现出同样的强硬固执，我就不洗你能怎么样。最后双方的交锋就落在该不该洗袜子上，好像他们的愤怒都只是和洗袜子这件事本身有关，而不是别的什么。

但事实上，父母的愤怒由来已久，他们对孩子“不洗袜子”这件事背后的拖沓性格——和理想孩子不符的性格，有着深深的不满和拒绝。而对孩子来说，他也许确实不太乐意去洗袜子，但如果父母换一种平和的态度，他也不至于如此固执地抵触。在他的抵触中，他最抵触的并不是洗袜子——像他看起来表现的那样。他真正反感和抵触的是父母强势的态度与态度中对他的指责、不满和干预。这也是他给人的感觉并不是固执，而是不服管教的原因。因为他的态度的确指向对父母的抵触，而不是对事情的抵触。

看起来他们矛盾的激化似乎只是因为对同一件事意见不同，难以达成一致。事实上，这种矛盾的核心，却是彼此态度的矛盾。这会使得彼此的关系处在长期恶化的状态。双方似乎都失去了沟通和谈话的可能，只要有一方说话，就是剑拔弩张的气氛。这让父母觉得孩子不服管教到了不可理喻的程度。任何一件事，不管有多小，你都休想能说动他。这反过来有时又会激怒父母，让父母的态度越发强势，以为只有用加倍强势的态度才能说动孩子，让孩子按照自己的意见行事。殊不知，孩子抵触的就是这种强势的态度，越强势抵触得越厉害，越不听父母的任何话。

父母却深感困惑，完全不知道孩子为什么会变成这样，到了一句话都听不进去的地步，甚至给他夹一块肉到碗里，让他多吃点儿补充营养，他都要把肉从碗里夹出去。他其实抵触的不是补充营养这件事，而是抵触提出建议的这个人。

改变强势的态度，不管是来自权威心理的强势，还是塑造理想孩子的强势，其实不仅是降低说话的声调、控制自己的情绪，最重要的是从心底改变对孩子的评判、纠错、不满等这些根源性的负面态度。当孩子不再抵触父母，也许就更容易接受来自父母的意见了。

第五节　纪律的魅力

一个孩子在升入高中以后，发现身边好多同学都有钢琴十级证书。而他学了几年钢琴，只考到七级就没有再坚持下去。现在很羡慕他的同学，忍不住对妈妈抱怨说，你当时怎么就不逼着我把十级证书考下来呢？

说实话，这真是让父母左右为难。逼孩子，如果出了心理问题呢？不逼孩子，他到头来又会埋怨父母当初没有严格要求自己。有句话这样说，未来孩子会感谢你今天的逼迫。但是，他真的会感谢你今天的逼迫吗？孩子是否会感谢，要看几个条件：一是逼迫的结果是什么，是出了问题还是出了成绩；二是逼迫的过程，是他可以承受的，还是会留下心理阴影；三是他的性格、目标是否和被逼迫的方向是一致的。这意味着他被迫取得的成绩，是否对他是最重要、最有意义的。

对父母来说，最经常的选择难题之一，就是该不该管孩子，是严格管束还是自由成长、放任自流。但实际上，这两者之间还有很大的协作平衡空间，并不是一定要二选一。管孩子，怎么管，管到什么程度，什么应该管，什么不应该管，这才是需要把握的。就像做菜的时候，需要掌握火候一样。而决定教育火候的是孩子不同的性格。

拿逼迫孩子学习来说，对待一个已经压力很大、很努力的孩子，如果继续给他施压，逼迫他考得更好，这种逼迫也许就会成为压垮骆驼的最后一根稻草。但是，如果是一个贪玩的、自制力差，但自己又有进取心的孩子，在他能接受的程度上，适度地督促他学习，也许是他需要的。

就如同那个埋怨妈妈没有逼着自己考出钢琴十级证的孩子，也有在长大了以后有同样想法的孩子——要是小的时候，父母在学习上再管得严一点儿就好了。这表现出孩子对所谓“逼迫”，更确切地说，是对一种纪律规范的需求。但在这里有一个需要区别的容易混淆的概念，第一，以为所有的逼迫都是有效的；第二，所有的孩子都是需要逼迫的。

同样是自制力差、睡懒觉的孩子，有的并不想起床，这时如果强迫他起床，强迫他坐在书桌前面，他也很可能不情愿，只不过是做做学习的样子。而有的孩子他想起床，但是靠着自己的意志，他做不到按时起床。如果有人此时能推动他一把，其实等于协助他执行自己的意志，这是他需要的。

那么，我们其实可以试着解释一下，为什么有些孩子需要逼迫，他对逼迫的需要，背后真正的心理诉求是什么，以免因为“逼迫”二字狭窄的字面意思产生歧义。应该说，在他表现出来的对逼迫的需要中，也许真正包含的是对秩序、纪律和由秩序、纪律保证的积极状态的需要。

在至少有一种框架轮廓的系统里面，儿童似乎能更健壮地成长，在这种系统里，不但对于现在，而且对于将来，都有某种程序和常规、某些可以依靠的东西……

有限度的许可，而不是不受限制的许可，更为儿童欢迎和需要。

这也许和我们的认知相悖。我们有时倾向于认为，孩子的天性一定是喜欢为所欲为，爱怎么样就怎么样，一定是讨厌所有的束缚和纪律的。为什么有限度的许可比不受限制的许可更受儿童欢迎和需要呢？一方面，对自由自在的热爱和对有序的需要、对玩乐的热爱和对上进的需要，是完全可以共存的；另一方面，不受限制，往往也意味着一种失序的状态。如果想要恢复到比较舒适的有序状态，在不受限制的许可中就意味着没有外力相助，全部要依靠自己的意志实现。而有限度的许可，听起来似乎是一种让人不悦的限制，但同时却是对适度有序状态的把持和控制，这让孩子可以有所依靠。

依靠着这种外在的适度限制，他才能把控住自己，不至于让自己在完全自主的情况下，因为意志力薄弱而失控。自我失控和自由自在是两个不同的概念，自我失控事实上恰恰是一种不自由的、已经不由自己说了算的状态。虽然外表上看很容易和为所欲为的自由相混淆。在此时，外在适宜的、适度的限制看起来是约束，但实际上却是在提供一种帮助，帮助孩子恢复对自我的掌控。

这在生活中也比较常见，未见得溺爱一个孩子、无限制地惯着他，他就会感到愉快。相反的是，有一点特别应该引起关注，当一个被惯坏的孩子，他表现得无法无天、闹腾起来没完没了时，也许不仅说明他被惯的脾气有多坏，同时这也是他感到不舒服的表现。因为在溺爱中缺乏有益的约束，不能帮助他实现自我掌控的需要、在有序中保持积极状态的需要。

也许，只有当我们了解孩子在“需要逼迫”的表面诉求下，真正的心理诉求是什么，我们才能不囿于“逼迫”的字面含义，不按照对“逼迫”的表面理解对孩子不分性格、不分需求、不分程度地实行简单粗暴的强制。如果我们知道在这种表面的诉求下，也许潜藏的是对积极有序状态的需要、对自我掌控的需要，我们会更加有的放矢，提供给孩子更适合他、更能促进他主动进取的约束力，而不是压制他让他感到泄气的约束力。

第六节　积极的关注：成为最好的自己

我们在教育孩子的过程中，有时会努力规避着一切可能的错误，但在不知不觉中却做着错误的事情而不自知。我们以为是为他好，却可能是在伤害他；以为是在培养他，其实却是用力在扭曲他。这种错误的可怕之处在于，因为我们以为这是正确的，所以十分坚持。

我们认为孩子是不能撒谎的，我们就会专注他是否撒了谎，而不关心他为什么撒谎；我们接受溺爱孩子是有害的，所以，当一个孩子号啕大哭要一个玩具时，我们就冷漠地由着他哭够了为止，因为我们以为此时安抚他就是在惯着他。至于他是什么性格，他和另一个得不到想要的玩具而号啕大哭的孩子是否有性格上的区别，他是否在得到这次的满足之后，变得性情更柔软、更容易听得进去话，而不是我们想象的被惯的任性了，我们也许连想都没想过。

如果说很多的亲子矛盾是因为父母和孩子的关系太近了，父母关注得太多，管得太多。那同样，这个问题也许还存在着很少受人关注的另一面，那就是父母和孩子的关系同时又太远了，父母对孩子太不关注了。这看起来似乎相互矛盾，很多父母也会提出异议，怎么会说不关注孩子呢？他的衣食住行、学习生活，没有一样不是无微不至地关注着。就是因为太无微不至地关注，才会和孩子发生那么多冲突。

但事实上，我们需要对“关注”的对象，进行更细致的分析。表面上粗略地看，“关注”指向的对象是孩子，但如果仔细地掀开“关注”的面纱，我们会发现，“关注”真正指向的核心可能是，孩子和“正确”之间的吻合度，孩子是否是“正确”的往往是造成冲突的轴心所在。

一方面，过于关注孩子是否正确；另一方面，太不关注孩子本人的性格、想法、心理活动。只满足于以刻板的性格观念定义他，以刻板的培养理念培养他，这就会造成这样一种情形：对孩子是否“正确”过度执着，恰好是因为对孩子关注点的不均衡。不关注孩子本人，就无法在了解孩子性格心理的基础上，平衡对“正确”的执着，更无法按照孩子本来的天性培养他。且不论孩子性格如何，都一心想把他装进刻板的“正确”模式中。

举一个常见的例子，很多父母之所以给孩子报海量的补习班，是出于人家都上咱也得上的想法。还有人提到了剧场效应，表达自己不得不做出这种选择的无奈。言简意赅地说，就像在剧场看剧的时候，前排有人站了起来一样，会害得坐在后面的人也不得不跟着站起来一样。看到人家的孩子穿梭于各种补习班，自己的孩子就有了危机感，所以也不能落后，也要跟着去上各种补习班。

在这里，关键的问题不是要不要上补习班，而是在关注和追随别人做出自己孩子的培养选择时，有没有花同样的关注在孩子本人身上，自己的孩子是什么样的性格，什么样的学习方式更适合他，怎样的时间安排对他更见成效。也就是说，在学习他人的方法，按照一般的教育原则行事的时候，有没有把这种适用于他人的、以普遍性见长的教育理念，按照自己孩子的性格、天赋做选择，以量体裁衣的方式，像一位高明的手艺人那样，裁剪和缝制成一件贴合孩子体形的、个性化的服装。而不是倒过来，拼命拉伸和改变孩子的天性，来适应适用于他人的，或者非个体化的一般性理念。

想要做到这一点，想要准确、细致地了解孩子的性格、天性，而不是将孩子本人类型化，将对他的培养类型化，就需要有质量的关注。

> 这种细致入微的关怀肯定会比那些漫不经心瞥一眼就随意给对象贴上标签的认知要更合理，能产生更完整的知觉。通过这种全神贯注的、入迷的、聚精会神的认知，我们有望获得细节丰富的知觉，从而多方面地了解研究的对象。

通过对孩子本人的关注，而不是全神贯注于他和理想孩子、和“正确”之间的差距，我们才能真正认知自己的孩子。通过对他性格细枝末节的认知，而不是他是个内向的孩子，还是个外向的孩子，这样刻板的区分，我们才能区分出他的独特，他和别的孩子的不同。

我们要通过关注孩子本人来认知他独特的个性和包括在独特个性中的独特潜力。作为父母，我们才能真正起到私人教练的作用，依照孩子的天性设计出最适合他个性的培养方法，既能保全他的天赋和原貌，同时又能最大限度地发挥出他的潜力，将他个性中的弱点疏导到有利的方向。他不一定会长成我们心目中曾经渴望过的理想孩子，但当他成为最好的自己，我们也许会刮目相看，原来是我们对理想孩子的定义太狭隘了。原来每个孩子尽力向上成长，在自己的内部最大限度地协调和发挥个性潜力的样子，都会使得我们心中那个想象出来的、刻板的理想孩子变得暗淡。

谢谢你，亲爱的孩子，刷新我对生命的认知！